微结构固体中的
波模型及孤立波

那仁满都拉　著

北　京

冶 金 工 业 出 版 社

2019

内 容 提 要

本书根据 Mindlin 微结构弹性固体理论以及近年来的相关发展理论，主要论述了如何系统地建立微结构固体中波传播模型，以及怎样利用动力系统的定性分析理论和分岔理论来证明微结构固体中孤立波的存在性问题。本书共分 5 章，第 1 章介绍了微结构固体基础理论；第 2~4 章介绍了不同的微结构固体中波传播模型的建立以及孤立波存在性的证明；第 5 章介绍了微结构固体中孤立波传播稳定性的数值验证以及一种波导中孤立波传播稳定性的数值验证。

本书可供从事理论物理、非线性科学、应用数学以及其他相关研究领域的科技人员、高校教师、研究生及高年级本科生阅读参考。

图书在版编目 (CIP) 数据

微结构固体中的波模型及孤立波/那仁满都拉著. — 北京：冶金工业出版社，2018.12（2019.11 重印）
ISBN 978-7-5024-8016-5

Ⅰ.①微… Ⅱ.①那… Ⅲ.①固体物理学—弹性力学—波传播—模型—研究 ②固体物理学—弹性力学—孤立波—研究 Ⅳ.①O482

中国版本图书馆 CIP 数据核字 (2019) 第 012534 号

出 版 人 陈玉千
地　　址　北京市东城区嵩祝院北巷 39 号　邮编　100009　电话　(010)64027926
网　　址　www.cnmip.com.cn　电子信箱　yjcbs@cnmip.com.cn
责任编辑　夏小雪　美术编辑　吕欣童　版式设计　孙跃红
责任校对　郑娟　责任印制　李玉山
ISBN 978-7-5024-8016-5
冶金工业出版社出版发行；各地新华书店经销；北京虎彩文化传播有限公司印刷
2018 年 12 月第 1 版，2019 年 11 月第 2 次印刷
148mm×210mm；4.25 印张；132 千字；126 页
32.00 元
冶金工业出版社　投稿电话　(010)64027932　投稿信箱　tougao@cnmip.com.cn
冶金工业出版社营销中心　电话　(010)64044283　传真　(010)64027893
冶金工业出版社天猫旗舰店　yjgycbs.tmall.com
（本书如有印装质量问题，本社营销中心负责退换）

前　言

　　当今工程技术中广泛应用的多种材料，如合金、多晶体、陶瓷、复合材料、功能梯度材料以及颗粒材料等，在不同尺度上都有一定的微结构，因而存在某个或某些内特征长度。例如，晶体有一定的晶格结构，其特征长度是晶格常数；纤维增强复合材料中，纤维的平均距离也是一个特征长度[1,2]。当我们的研究所用到的外激励的特征长度（如波长）远大于材料的内特征长度时，经典连续介质力学的基本假设是有效的，给出的预言结果与实验结果能够很好地吻合。但当外激励的特征长度接近材料的内特征长度时，就会出现不能用经典连续介质理论满意解释的复杂动力学现象，如声子散射实验中高频弹性波的频散现象以及裂纹尖端处的无限大应力现象等[2]。因此，当外激励的特征长度接近材料的内特征长度时，必须考虑材料的微结构效应，建立模型时应引入内特征长度。

　　为建立考虑固体微结构效应的连续介质模型，在历史上诸多学者进行了不断的探索和研究。Cosserat 兄弟第一次提出了一种连续介质模型[3]，在此模型中把连续介质的每个物质点都看作具有六个自由度的刚体，它可平移和旋转但不可形变，它的方向可由一组相互垂直的刚性矢量（方向子）来描述，现在与此相关的理论称之为微极理论。随后 Toupin[4]、

Mindlin[5]、Tiersten[6]、Eringen[7,8]等人进一步完善和修正，建立了一个不确定偶应力理论，并引入了一个具有长度量纲的新材料常数。从此开始进入了具有微结构的连续介质力学的广泛研究与发展时期，提出了各种各样的理论，并利用这些理论来解释一些物理现象或预言一些新的物理现象。这些理论反映的物理实质上考虑可分为两大类别：一是由Eringen、Suhubi、Mindlin等人建立的考虑微观运动学自由度的微极理论和微态理论[2]；二是由Toupin、Kroner、Krumhansl、Mindlin、Green和Rivlin等人[2,9]建立的考虑微结构的长程相互作用的应变梯度理论和非局部理论。国内对微结构固体及相关问题的研究主要集中在微结构固体的理论模型上，关于这方面的研究工作在文献［10~12］中给出了较全面的综述。戴天民[13]对含有微结构的弹性固体理论方面开展了系统的研究。近年来，Engelbrecht和Berezovski等人对Mindlin微态理论进一步深入研究并进行了修正和完善工作，建立了一些具体的波模型。在文献［14］中，采用最简单的自由能（应变能）函数，建立了描述一维微结构固体中纵波传播的全频散和双频散线性波模型。文献［15］中，考虑微结构非线性固体宏观尺度和微观尺度非线性效应，建立了一维微结构固体中纵波传播的非线性波模型。文献［16］中，利用伪谱方法对微结构固体中传播的孤立波的传播及相互作用特性进行了数值研究。文献［17］中，研究了材料微结构特性对孤立波传播特性的影响。文献［18］中，对微结构固体中孤立波传播的反问题进行研究，证明了利用孤立波所携带的信息可以确定固体材料的相关常数。文献［19］中基于多尺度建模思想，建立了复杂微结构固体的两种多尺度线性模型。文献［20，21］中考虑宏观尺度非线性效应，建立了复杂结构固体的两种多尺度非线性模型。Casasso 等人在文献［22］中基于矢量微结构理论，建立了一维和二维多尺度微结构模型。文献［23］中考虑二维问题，建立了 Mindlin 型微结构固体的二维非线性波模型。关于微结构弹性固体中形变波传播的各种模型的建立问题，Engelbrecht 和 Berezovski 在文献［24］中进行了全面的综述，想更详细了解的读者可参阅该文献。

微结构固体材料由于其内部的孔隙、杂质、颗粒、裂纹、裂缝等微结构的存在，当我们的观测研究尺度接近材料的微结构尺度时，这些材料可表现出与经典材料很大不同的行为特征，如微结构有关的微尺度频散效应和非线性效应等。这些效应对微结构固体中孤立波的形成提供了必要的条件，也就是说微结构固体中孤立波的形成是可能的事情。波在介质中传播时不仅携带着能量，它还携带着一些信息。也就是说，在一定初始和边界条件下激起的波，它不仅携带着这些条件相关的信息，还携带着与波传播介质相关的信息，这些信息反映在波形变化或波谱变化上。由此可见，固体中孤立波存在与传播问题的研究具有重要意义，因为孤立波在固体中传播时，其形状、幅度以及传播速度中携带着反映固体内部结构性质的重要信息，这对固体材料的无损检测与评价具有重要的应用价值[25,26]。

本书共分5章。第1章简单介绍了 Mindlin 微结构理论、线性波模型的建立及频散特性；第2章介绍了微结构固体中一维非线性波模型的建立及孤立波存在性的论证；第3章介绍了复杂微结构固体中非线性波模型的建立及孤立波存在性的论证；第4章介绍了微结构固体中二维非线性波模型的建立及孤立波存在性的论证；第5章介绍了微结构固体中孤立波传播稳定性的数值验证以及一种微结构材料制成的波导中孤立波传播稳定性的数值验证。

在这里向本书撰写过程中所引用文献的所有作者表示感谢和敬意。本书所写的主要内容是我和我的研究生的研究工作和取得的成果，在这里对我的研究生同学们表示感谢。本书所包含的研究成果以及本书的编写出版得到了国家自然科学基金项目（项目编号：11462019）的支持，在这里也表示衷心的感谢！

由于作者水平有限，书中难免存在不足之处，敬请阅读本书的各位读者提出宝贵意见，给予批评指正。

著　者
2018 年 10 月

目　录

1

线性波模型及频散特性

＞＞＞＞＞＞＞＞＞＞＞＞＞＞＞＞

　　微结构固体材料由于其内部的孔隙、杂质、颗粒、裂纹、裂缝等微结构的存在，当我们的观测尺度接近材料的内部微结构尺度时，这些材料可表现出与经典材料很大不同的行为特征，如微结构有关的微尺度频散效应和非线性效应等。特别是，由于微结构固体中所含有的孔隙、杂质、颗粒、裂纹、裂缝等都可充当散射源的作用，所以微结构固体材料的频散效应是非常明显的，这已由实验研究所证实[1,27]。本章作为理论基础，首先简单介绍 Mindlin 微结构（微态）理论的基本思想，然后介绍 Engelbrecht 和 Berezovski 等人依据 Mindlin 微结构理论建立的线性波模型，最后对微结构固体的频散特性进行简要分析。

1.1　基本模型

　　Mindlin 在微态理论中，把材料的微结构形象地解释称就像"聚合物的分子、多晶体的晶粒或颗粒材料的颗粒"，并认为这些微单元（或细胞）是可变形的[5,6]。Mindlin 把固体材料的每个微单元都看作是不依赖于物体其他部分，可独立形变的单元体，每个微单元拥有平移矢量 u 的三个分量所描述的三个平移自由度和二阶微形变张量 ψ 的九个分量所描述的形变自由度。如果微单元不形变那就是 Cosserat 提出的微结构有向介质理论模型。对于中心对称、各向同性的弹性材料，其运动方程可表示为：

$$\rho \ddot{u} = \mathrm{div}(\boldsymbol{\sigma} + \boldsymbol{\tau}) + f \qquad (1\text{-}1)$$

$$I \cdot \ddot{\psi} = \text{div}\mu + \tau + \Phi \tag{1-2}$$

式中 I——微惯性张量；

      f——体力；

      Φ——每个单位体积的双重力。

相应的应力张量，即柯西应力 σ，相对应力 τ 以及双重应力 μ 分别定义为：

$$\sigma = \frac{\partial W}{\partial \varepsilon}, \quad \tau = \frac{\partial W}{\partial \gamma}, \quad \mu = \frac{\partial W}{\partial \chi} \tag{1-3}$$

这里 $\varepsilon = \dfrac{\nabla u + (\nabla u^T)}{2}$ 是应变张量，$\gamma = \nabla u - \psi$ 是相对形变张量，$\chi = \nabla \psi$ 是微形变梯度张量，而 W 是自由能或应变能。Mindlin 微态理论认为自由能 W 是 ε、γ 和 χ 等 42 个变量的齐次、二次函数[5,6]。有了自由能的具体表达式，利用式（1-3）就可计算出固体材料的本构关系，即应力-应变关系。

Berezovski 等人[28]对 Mindlin 微态理论进行进一步研究，指出 Mindlin 微态理论中的本构关系（1-3）可以借助变形（Distortion）张量 ∇u 和微形变张量 ψ 来表示，即：

$$\sigma = \frac{\partial W}{\partial \nabla u}, \quad \tau = \frac{\partial W}{\partial \psi}, \quad \mu = \frac{\partial W}{\partial \chi} \tag{1-4}$$

这里双重应力 μ 保持没有变化。因此，对于中心对称、各向同性弹性材料的运动方程也可写为：

$$\rho \ddot{u} = \text{div}\sigma + f \tag{1-5}$$

$$I \cdot \ddot{\psi} = \text{div}\mu - \tau + \Phi \tag{1-6}$$

式（1-6）与式（1-2）比较可以看出，相对应力 τ 的符号有变化，这是因为 γ 和 ψ 的符号相反所导致。一般情况下体力和双重力可以忽略，则方程（1-5）和（1-6）变成：

$$\rho \ddot{u} = \text{div}\sigma \tag{1-7}$$

$$I \cdot \ddot{\psi} = \text{div}\mu - \tau \tag{1-8}$$

可见，Berezovski 等人的研究工作在一定程度上简化了 Mindlin 微态理论模型，给出了一种简便易用的有效模型。实际上，方程（1-7）和（1-8）也可以由 Euler-Lagrange 方程导出，Engelbrecht 等人[14]的研究证明了这一点。考虑最简单的一维情况，因位移 $u=u_1$，微形变张量 $\varphi=\psi_{11}$，则动能密度 K 和势能密度 W 分别为：

$$K = \frac{1}{2}\rho u_t^2 + \frac{1}{2}I\varphi_t^2, \qquad W = W(u_x, \varphi, \varphi_x) \qquad (1\text{-}9)$$

式中　ρ——宏观密度；

　　I——微惯性；

　　x，t 表示对相应变量的偏导数。

由上式计算出拉格朗日密度 $L=K-W$，并代入 Euler-Lagrange 方程，有

$$\left(\frac{\partial L}{\partial u_t}\right)_t + \left(\frac{\partial L}{\partial u_x}\right)_x - \frac{\partial L}{\partial u} = 0$$

$$\left(\frac{\partial L}{\partial \varphi_t}\right)_t + \left(\frac{\partial L}{\partial \varphi_x}\right)_x - \frac{\partial L}{\partial \varphi} = 0 \qquad (1\text{-}10)$$

可得：

$$\rho u_{tt} - \left(\frac{\partial W}{\partial u_x}\right)_x = 0 \qquad (1\text{-}11)$$

$$I\varphi_{tt} - \left(\frac{\partial W}{\partial \varphi_x}\right)_x + \frac{\partial W}{\partial \varphi} = 0 \qquad (1\text{-}12)$$

在一维情况下，由式（1-4）可得：

$$\sigma = \frac{\partial W}{\partial u_x}, \qquad \tau = \frac{\partial W}{\partial \varphi}, \qquad \mu = \frac{\partial W}{\partial \varphi_x} \qquad (1\text{-}13)$$

因此，方程（1-11）和（1-12）变成：

$$\rho u_{tt} = \sigma_x \qquad (1\text{-}14)$$

$$I\varphi_{tt} = \mu_x - \tau \qquad (1\text{-}15)$$

方程（1-14）和（1-15）就是运动方程（1-7）和（1-8）在一维情况下的表示形式。

Engelbrecht 等人在文献［14］中，利用运动方程（1-14）和（1-15），给出了最基本的线性波模型。首先，势能函数的简单形式取为：

$$W = \frac{1}{2}au_x^2 + Au_x\varphi + \frac{1}{2}B\varphi^2 + \frac{1}{2}C\varphi_x^2 \qquad (1\text{-}16)$$

这里 a、A、B、C 都是材料常数。利用应力公式（1-13）计算出应

力，并代入运动方程可得：

$$\rho u_{tt} = a u_{xx} + A\varphi_x \tag{1-17}$$

$$I\varphi_{tt} = C\varphi_{xx} - B\varphi - Au_x \tag{1-18}$$

在方程（1-17）和（1-18）中，取消微形变可得到如下高阶波方程：

$$u_{tt} = (c_0^2 - c_A^2)u_{xx} - p^2(u_{tt} - c_0^2 u_{xx})_{tt} + p^2 c_1^2(u_{tt} - c_0^2 u_{xx})_{xx} \tag{1-19}$$

其中，$c_0^2 = \dfrac{\alpha}{\rho}$、$c_1^2 = \dfrac{C}{I}$、$c_A^2 = \dfrac{A^2}{\rho B}$ 是三种速度，$p^2 = \dfrac{I}{B}$ 是时间常量。方程

（1-19）就是 Engelbrecht 等人建立的微结构固体中的基本模型。利用从属原理[14,24]，简化方程组可得到如下近似波方程：

$$u_{tt} = (c_0^2 - c_A^2)u_{xx} + p^2 c_A^2(u_{tt} - c_1^2 u_{xx})_{xx} \tag{1-20}$$

在方程（1-20）中，我们忽略一个或另一个高阶导数项，也可得到如下两个简化的波方程：

$$u_{tt} = (c_0^2 - c_A^2)u_{xx} + p^2 c_A^2 u_{ttxx} \tag{1-21}$$

$$u_{tt} = (c_0^2 - c_A^2)u_{xx} - p^2 c_0^2 c_1^2 u_{xxxx} \tag{1-22}$$

方程（1-20）是 Engelbrecht 等人得到的近似模型，而方程（1-21）和（1-22）是 Engelbrecht 等人得到的简化模型[14]。

1.2　扩展模型

若势能函数可取为：

$$W = \frac{1}{2}a u_x^2 + A u_x \varphi + A' u_x \varphi_x + \frac{1}{2}B\varphi^2 + \frac{1}{2}C\varphi_x^2 + D\varphi\varphi_x \tag{1-23}$$

式中，a、A、A'、B、C、D 都是材料常数。同样，代入运动方程（1-14）和（1-15）可得：

$$\rho u_{tt} = a u_{xx} + A\varphi_x + A'\varphi_{xx} \tag{1-24}$$

$$I\varphi_{tt} = C\varphi_{xx} + A' u_{xx} - Au_x - B\varphi \tag{1-25}$$

在方程（1-24）和（1-25）中，取消微形变可得：

$$\begin{aligned} u_{tt} = {} & (c_0^2 - c_A^2)u_{xx} - p^2(u_{tt} - c_0^2 u_{xx})_{tt} + \\ & p^2 c_1^2(u_{tt} - c_0^2 u_{xx})_{xx} + c_A^2 {}' u_{xxxx} \end{aligned} \tag{1-26}$$

式中，$c_0^2 = \dfrac{a}{\rho}$，$c_1^2 = \dfrac{C}{I}$，$c_A^2 = \dfrac{A^2}{\rho B}$，$c_{A'}^2 = \dfrac{A'^2}{\rho B}$，$p^2 = \dfrac{I}{B}$。此方程就是微结构固体中的扩展模型。与模型（1-19）相比较，此模型多了一项高阶导数项。值得一提的是，此模型用微结构固体的双内部变量描述方法也可以得到[24,29]。

1.3　频散特性

为得到频散关系，假设波方程可具有如下简谐波解：

$$u = u_0 e^{i(kx - \omega t)} \tag{1-27}$$

这里 k 是波数，ω 是圆频率。把解（1-27）代入波方程（1-19）得到相应的全频散关系：

$$\omega^2 = (c_0^2 - c_A^2)k^2 + p^2(\omega^2 - c_0^2 k^2)(\omega^2 - c_1^2 k^2) \tag{1-28}$$

把解（1-27）代入近似波方程（1-20）可得到相应的一种近似频散关系：

$$\omega^2 = (c_0^2 - c_A^2)k^2 - p^2 c_A^2 k^2(\omega^2 - c_1^2 k^2) \tag{1-29}$$

把解（1-27）代入波方程（1-21）和（1-22）可得到相应的简化频散关系：

$$\omega^2 = (c_0^2 - c_A^2)k^2 - p^2 c_A^2 k^2 \omega^2 \tag{1-30}$$

$$\omega^2 = (c_0^2 - c_A^2)k^2 + p^2 c_A^2 c_1^2 k^4 \tag{1-31}$$

为使上述几个频散关系无量纲化，在文献［14］中引入如下无量纲变量和无量纲参数：

$$\xi = pc_0 k, \qquad \eta = p\omega, \qquad \gamma_1 = \frac{c_1}{c_0}, \qquad \gamma_A = \frac{c_A}{c_0} \tag{1-32}$$

利用式（1-32），把频散关系式（1-28）无量纲化为：

$$\eta^2 = (1 - \gamma_A^2)\xi^2 + (\eta^2 - \xi^2)(\eta^2 - \gamma_1^2 \xi^2) \tag{1-33}$$

把频散关系式（1-29）无量纲化为：

$$\eta^2 = (1 - \gamma_A^2)\xi^2 - \gamma_A^2(\eta^2 - \gamma_1^2 \xi^2)\xi^2 \tag{1-34}$$

把频散关系式（1-30）和式（1-31）无量纲化为：

$$\eta^2 = (1 - \gamma_A^2)\xi^2 - \gamma_A^2 \eta^2 \xi^2 \tag{1-35}$$

$$\eta^2 = (1 - \gamma_A^2)\xi^2 + \gamma_A^2 \gamma_1^2 \xi^4 \tag{1-36}$$

　　根据无量纲频散关系式（1-33）和式（1-34）绘制的频散曲线如图1-1和图1-2所示。图1-1是正常频散，即$c_g < c_p$（c_g表示群速度，c_p表示相速度）情况下绘制的频散曲线，图2是反常频散，即$c_g > c_p$情况下绘制的频散曲线。全频散曲线有两个频支，分别是光频支（上支）和声频支（下支）。光频支有渐近线$\eta = \xi(\omega = c_0 k)$，声频支有渐近线$\eta = \gamma_1 \xi(\omega = c_1 k)$和$\eta = \gamma_R \xi(\omega = c_R k)$，这里$\gamma_R = \dfrac{c_R}{c_0} = (1 - \gamma_A^2)^{\frac{1}{2}}$。不管正常频散情况还是反常频散情况，近似频散曲线始终很好地接近于声频支曲线，吻合度较高。在长波极限（$pc_0 k \ll 1$）情况下，全频散关系和近似频散关系都能给出相同的极限速度$c_R = (c_0^2 - c_A^2)^{\frac{1}{2}}$，这意味着含有微结构的固体中波的传播要慢于无微结构的固体中的传播。在短波极限（$pc_0 k \gg 1$）情况下，全频散关系可给出两种传播模式，一是以速度c_1传播，二是以速度c_0传播。两种简化频散关系绘制的频散曲线与全频散曲线的吻合度都较低（如图1-3所示），只有在很小的波数和频率范围内才与全频散曲线相吻合。这说明两种简化模型都是精度较低的模型。

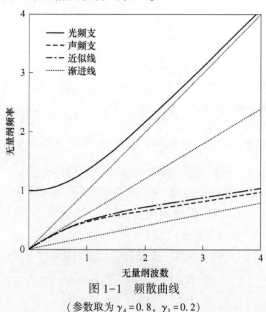

图1-1　频散曲线

（参数取为$\gamma_A = 0.8$，$\gamma_1 = 0.2$）

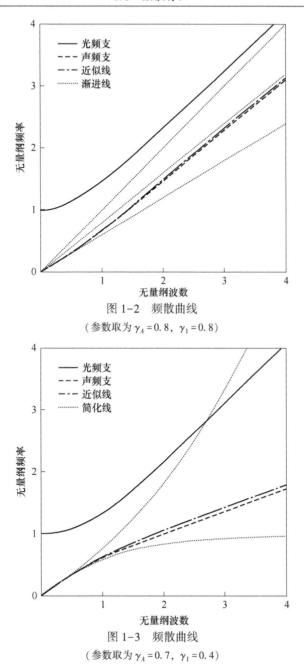

图 1-2 频散曲线

（参数取为 $\gamma_A = 0.8$，$\gamma_1 = 0.8$）

图 1-3 频散曲线

（参数取为 $\gamma_A = 0.7$，$\gamma_1 = 0.4$）

图 1-4 中绘制的是在正常频散条件下无量纲相速度 $\left(\widetilde{c_p} = \dfrac{c_p}{c_0} = \dfrac{\eta}{\xi}\right)$ 和

群速度 $\left(\widetilde{c_g} = \dfrac{c_g}{c_0} = \dfrac{\partial \eta}{\partial \xi}\right)$ 随波数的变化曲线。由图可以看出，与光频支相应的无量纲相速度从无限大 $(\xi \to 0$ 时) 开始迅速趋近于 $1(\xi \to \infty$ 时)，而无量纲群速度从 $0(\xi \to 0$ 时) 开始迅速趋近于 $1(\xi \to \infty$ 时)。同时也可看出，与声频支相应的无量纲相速度从 $\gamma_R(\xi \to 0$ 时) 开始逐渐趋近于 $\gamma_1(\xi \to \infty$ 时)，无量纲群速度也从 $\gamma_R(\xi \to 0$ 时) 开始逐渐趋近于 γ_1 $(\xi \to \infty$ 时)。关于相速度和群速度随波数的变化规律的研究，这里只给出了简单的讨论，详细情况可参阅参考文献 [30]。

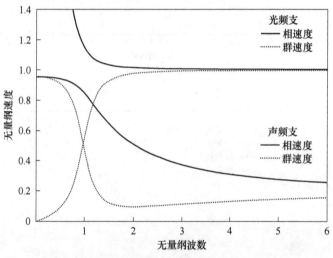

图 1-4　相速度和群速度随波数的变化曲线
（参数取为 $\gamma_A = 0.3$，$\gamma_1 = 0.2$）

2

一维非线性波模型及孤立波

>>>>>>>>>>>>>>>>>>>

在第 1 章里简单介绍了 Mindlin 微态理论，给出了描述微结构固体运动的基本方程。特别是给出了一维情况下描述微结构固体运动的基本动力学方程。一维情况下的基本动力学方程形式比较简单，只要合理地给出微结构固体的自由能（应变能）函数，就可建立微结构固体中波传播模型。在文献［15］中 Janno 等人选用简单的自由能函数，建立了描述微结构固体中一维非线性波传播的基本模型。本章我们选取不同的自由能函数，建立描述微结构固体中波传播的几种一维非线性波模型。

2.1 基本非线性波模型及孤立波

2.1.1 基本非线性波模型的建立

在忽略材料耗散效应的情况下，对于某些微结构固体材料，其自由能函数的简单形式可表示为：

$$W = \frac{1}{2}au_x^2 + A\varphi u_x + \frac{1}{2}B\varphi^2 + \frac{1}{2}C\varphi_x^2 + \frac{1}{6}Nu_x^3 + \frac{1}{6}M\varphi_x^3 + \frac{1}{12}Q\varphi_x^4 \tag{2-1}$$

式中，a、A、B、C、M、N 和 Q 都是材料常量。此自由能函数是在自由能函数（1-16）的基础上，考虑宏观形变的三次方项以及微形变梯度的三次和四次方项而得到的自由能函数。当 $Q=0$ 时，此自由能函数就变成文献［15］中采用的自由能函数。把式（2-1）代入应力计算公式，再代入方程（1-14）和（1-15）可得：

$$\rho u_{tt} = au_{xx} + Nu_x u_{xx} + A\varphi_x \qquad (2-2)$$

$$I\psi_{tt} = C\varphi_{xx} + M\varphi_x \varphi_{xx} + Q\varphi_x^2 \varphi_{xx} - B\varphi - Au_x \qquad (2-3)$$

引入无量纲变量 $X = \dfrac{x}{L}$，$T = \dfrac{tc_0}{L}$（其中 $c_0^2 = \dfrac{a}{\rho}$），$U = \dfrac{u}{U_0}$ 及无量纲几何参数 $\delta = \dfrac{l^2}{L^2}$ 和 $\varepsilon = \dfrac{U_0}{L}$，这里 U_0 和 L 是初始激励的波幅和波长，而 l 是材料的特征长度。利用这些无量纲变量和参数，把方程（2-2）和（2-3）化为如下无量纲方程：

$$U_{TT} = U_{XX} + \frac{A}{\rho \varepsilon c_0^2}\varphi_X + \frac{N\varepsilon}{\rho c_0^2}U_X U_{XX} \qquad (2-4)$$

$$\begin{aligned}
\varphi = & -\frac{A\varepsilon}{B}U_X + \frac{\delta}{B}\left(\frac{C}{l^2}\varphi_{xx} - \frac{aI}{\rho l^2}\varphi_{TT}\right) + \\
& \delta^{\frac{3}{2}}\frac{M}{Bl^3}\varphi_x \varphi_{xx} + \delta^2 \frac{Q}{Bl^4}\varphi_x^2 \varphi_{xx}
\end{aligned} \qquad (2-5)$$

把 φ 展开为 $\delta^{\frac{1}{2}}$ 的幂级数得：

$$\varphi = \varphi_0 + \delta^{\frac{1}{2}}\varphi_1 + \delta\varphi_2 + \delta^{\frac{3}{2}}\varphi_3 + \delta^2 \varphi_4 + \cdots \qquad (2-6)$$

比较式（2-5）和式（2-6），可确定 φ_0、φ_1、φ_2、φ_3、φ_4，并利用从属原理可得：

$$\begin{aligned}
\varphi = & -\frac{A\varepsilon}{B}U_X + \delta\frac{A\varepsilon}{B^2}\left(\frac{aI}{\rho l^2}U_{XTT} - \frac{C}{l^2}U_{XXX}\right) + \\
& \delta^{\frac{3}{2}}\frac{MA^2\varepsilon^2}{B^3 l^3}U_{XX}U_{XXX} - \delta^2 \frac{QD^3\varepsilon^3}{B^4 l^4}U_{XX}^2 U_{XXX}
\end{aligned} \qquad (2-7)$$

把式（2-7）代入式（2-4）可得：

$$\begin{aligned}
& U_{TT} - bU_{XX} - \frac{\mu}{2}(U_X^2)_X - \delta(\beta U_{TT} - \gamma U_{XX})_{XX} + \\
& \delta^{\frac{3}{2}}\frac{\lambda}{2}(U_{XX}^2)_{XX} - \delta^2 \frac{\chi}{3}(U_{XX}^3)_{XX} = 0
\end{aligned} \qquad (2-8)$$

式中，$b = 1 - A^2/(aB)$，$\mu = N\varepsilon/a$，$\beta = A^2 I/(l^2 \rho B^2)$，$\gamma = A^2 C/(l^2 aB^2)$，$\lambda = -A^3 M\varepsilon/(l^3 aB^3)$，$\chi = -A^4 Q\varepsilon^2/(l^4 aB^4)$，且 $0 < b < 1$，$\delta > 0$，$\beta > 0$，$\gamma > 0$。方程（2-8）是包含二次和三次微尺度非线性项的一种基本的非线性波模型[31]。当 $\lambda = \chi = 0$ 时，方程（2-8）变成无微尺度非线性效应的波方程；当 $\chi = 0$ 时，方程（2-8）就变成文献［15］中给出的最基本的非线性波方程。借助应变 $v = U_X$，把方程（2-8）改写为（下式中已把 X 和 T 改写为 x 和 t）：

$$v_{tt} - bv_{xx} - \frac{\mu}{2}(v^2)_{xx} - \delta(\beta v_{tt} - \gamma v_{xx})_{xx} +$$

$$\delta^{\frac{3}{2}} \frac{\lambda}{2}(v_x^2)_{xxx} - \delta^2 \frac{\chi}{3}(v_x^3)_{xxx} = 0 \qquad (2-9)$$

式中 $\dfrac{\mu}{2}(v^2)_{xx}$——宏观尺度非线性项；

$\delta(\beta v_{tt} - \gamma v_{xx})_{xx}$——固体材料微结构引起的微尺度频散项；

$\delta^{\frac{3}{2}} \dfrac{\lambda}{2}(v_x^2)_{xxx}$——固体材料微结构引起的二次微尺度非线性项；

$\delta^2 \dfrac{\chi}{3}(v_x^3)_{xxx}$——固体材料微结构引起的三次微尺度非线性项。

2.1.2 孤立波存在性的证明

为了便于分析，首先对方程（2-9）作如下变换：

$$v = \frac{2b}{\mu}u', \qquad x' = \frac{1}{\sqrt{\delta\beta}}x, \qquad t' = \sqrt{\frac{b}{\delta\beta}}t \qquad (2-10)$$

代入方程（2-9）计算可得：

$$u_{tt} - u_{xx} - (u^2)_{xx} - u_{ttxx} + \alpha_1 u_{xxxx} +$$

$$\alpha_2(u_x^2)_{xxx} - \alpha_3(u_x^3)_{xxx} = 0 \qquad (2-11)$$

式中各项的系数 $\alpha_1 = \dfrac{\gamma}{b\beta} > 0$，$\alpha_2 = \dfrac{\lambda}{\mu}\beta^{-\frac{3}{2}}$，$\alpha_3 = \dfrac{4\chi b}{3\mu^2}\beta^{-2}$。另外，考虑到书写上的方便，在上式中已把 u'、x'、t' 改写为 u、x、t。由于方程（2-11）是一种不可积的非线性波方程，所以在一般情况下很难得到

该方程的显示精确孤立波解。为此，下面我们采用定性分析方法并结合数值方法来论证微结构固体中孤立波的存在性。

（1）当 $\alpha_2 = \alpha_3 = 0$ 时孤立波的存在性。

当 $\alpha_2 = \alpha_3 = 0$ 时，非线性波方程（2-11）变成：

$$u_{tt} - u_{xx} - (u^2)_{xx} - u_{ttxx} + \alpha_1 u_{xxxx} = 0 \qquad (2-12)$$

此方程有精确孤立波解，最基本而重要的一种孤立波解为：

$$u = \frac{3}{2}(V^2 - 1)\,\mathrm{sech}^2\left[K(x - Vt)\right] \qquad (2-13)$$

这里 $K = \dfrac{1}{2}\sqrt{\dfrac{V^2-1}{V^2-\alpha_1}}$，$V$ 是任意波速。此解表明，不考虑微结构固体的微尺度非线性效应（即无微尺度非线性效应）时，在微结构固体中可以存在一种对称的钟型孤立波。这种孤立波是由于宏观尺度非线性效应和微尺度频散效应的适当平衡而形成的孤立波。

（2）当 $\alpha_3 = 0$、$\alpha_2 \neq 0$ 时孤立波的存在性。

当 $\alpha_3 = 0$、$\alpha_2 \neq 0$ 时，方程（2-11）变成：

$$u_{tt} - u_{xx} - (u^2)_{xx} - u_{ttxx} + \alpha_1 u_{xxxx} + \alpha_2 (u_x^2)_{xxx} = 0 \qquad (2-14)$$

方程（2-14）就是文献［15］中给出的非线性波方程，此方程中含有二次微尺度非线性项，所以反映的主要是二次微尺度非线性效应的影响。为把方程（2-14）化为等效动力系统，对其进行行波约化，即 $\xi = x - Vt$，$u = u(\xi)$ 可得：

$$V^2 u_{\xi\xi} - u_{\xi\xi} - (u^2)_{\xi\xi} - V^2 u_{\xi\xi\xi\xi} +$$
$$\alpha_1 u_{\xi\xi\xi\xi} + \alpha_2 (u_\xi^2)_{\xi\xi\xi} = 0 \qquad (2-15)$$

积分两次并利用孤立波边条件 $|\xi| \to \infty$ 时 u、u_ξ、$u_{\xi\xi} \to 0$，可得：

$$(V^2 - 1)u - u^2 - (V^2 - \alpha_1)u_{\xi\xi} + 2\alpha_2 u_\xi u_{\xi\xi} = 0 \qquad (2-16)$$

令 $u = x$、$x_\xi = y$，则把方程（2-16）改写为：

$$\begin{cases} x_\xi = y \\[2mm] y_\xi = \dfrac{(V^2 - 1)x - x^2}{(V^2 - \alpha_1) - 2\alpha_2 y} \end{cases} \qquad (2-17)$$

在平面系统（2-17）中存在一条奇直线：

$$y = \frac{V^2 - \alpha_1}{2\alpha_2} \tag{2-18}$$

此奇直线对该系统的相图分析带来不必要的困难。为消去此奇直线，我们作如下变换：

$$d\xi = (V^2 - \alpha_1 - 2\alpha_2 y)\,d\tau \tag{2-19}$$

此时，系统（2-17）就变成如下平面 Hamilton 系统：

$$\begin{cases} \dfrac{dx}{d\tau} = (V^2 - \alpha_1)y - 2\alpha_2 y^2 \\[2mm] \dfrac{dy}{d\tau} = (V^2 - 1)x - x^2 \end{cases} \tag{2-20}$$

由动力系统的定性分析理论[32~34]可知，在拓扑意义下除了奇直线之外，系统（2-17）和（2-20）有相同的相图。因此，通过对系统（2-20）的相图分析，可以得知系统（2-17）的相图分布。

经过计算可知，系统（2-20）有首次积分：

$$\begin{aligned} H(x,\ y) = {}& \frac{1}{2}(V^2 - \alpha_1)y^2 - \frac{2}{3}\alpha_2 y^3 - \\ & \frac{1}{2}(V^2 - 1)x^2 + \frac{1}{3}x^3 = h \end{aligned} \tag{2-21}$$

式中，h 为积分常数，h 取不同值时首次积分（2-21）表示相平面上的不同的相轨线。另外，动力系统（2-20）有四个平衡点：$a_1(0,\ 0)$，$a_2\left(V^2 - 1,\ \dfrac{V^2 - \alpha_1}{2\alpha_2}\right)$，$a_3\left(0,\ \dfrac{V^2 - \alpha_1}{2\alpha_2}\right)$，$a_4(V^2 - 1,\ 0)$。各点处的 Jacobi 行列式为：

$$\begin{aligned} J(a_1) &= -(V^2 - \alpha_1)(V^2 - 1) \\ J(a_2) &= -(V^2 - \alpha_1)(V^2 - 1) \\ J(a_3) &= (V^2 - \alpha_1)(V^2 - 1) \\ J(a_4) &= (V^2 - \alpha_1)(V^2 - 1) \end{aligned} \tag{2-22}$$

为省略类同的分析过程，下面只分析正常频散（即 $\alpha_1 < 1$ [15]）的情

况，对反常频散（即 $\alpha_1 > 1^{[15]}$）的情况在这里不作分析，感兴趣的读者可自行分析。

设 $a(x, y)$ 是系统的任一平衡点，$M(x, y) = 0$ 表示在点 $a(x, y)$ 处线性化系统的系数矩阵，$J(x, y)$ 表示相应点处的 Jacobi 行列式，则平面动力系统的定性分析理论认为，当 $J(x, y) < 0$ 时，平衡点 $a(x, y)$ 是鞍点；当 $J(x, y) > 0$ 且其 $T(M(x, y)) = 0$ 时，平衡点 $a(x, y)$ 是中心点；当 $J(x, y) = 0$ 且其 Poincare 指数为零时，平衡点 $a(x, y)$ 是尖点。

根据此理论并利用式（2-22）分析可知：当 $V^2 < \alpha_1$ 时，点 a_1 和 a_2 是鞍点，点 a_3 和 a_4 是中心点；当 $V^2 > 1$ 时，点 a_1 和 a_2 是鞍点，点 a_3 和 a_4 是中心点；当 $\alpha_1 < V^2 < 1$ 时，点 a_1 和 a_2 是中心点，点 a_3 和 a_4 是鞍点。利用 Matlab 等数学软件绘制的相图，如图 2-1 ~ 图 2-3 所示。

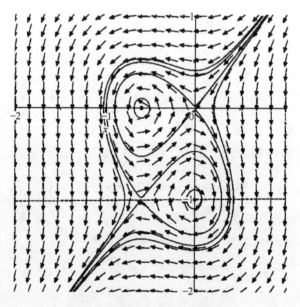

图 2-1　系统（2-20）的相图

（参数取为 $\alpha_1 = 0.8$，$\alpha_2 = 0.2$，$V = \sqrt{0.4}$）

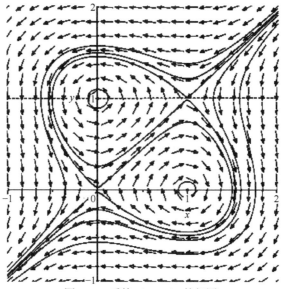

图 2-2 系统（2-20）的相图

（参数取为 $\alpha_1 = 0.8$，$\alpha_2 = 0.6$，$V = \sqrt{2}$）

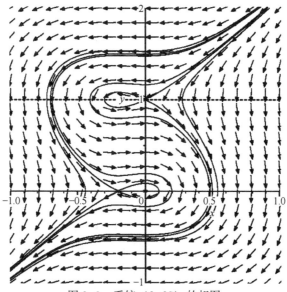

图 2-3 系统（2-20）的相图

（参数取为 $\alpha_1 = 0.4$，$\alpha_2 = 0.2$，$V = \sqrt{0.8}$）

　　根据各平衡点的性质及所绘制的相图，可得到如下三个定理。

　　定理 2.1　当 $\alpha_1 < 1$、$V^2 < \alpha_1$、$-\dfrac{1}{2}\left(\dfrac{V^2 - \alpha_1}{V^2 - 1}\right)^{\frac{3}{2}} < \alpha_2 < \dfrac{1}{2}\left(\dfrac{V^2 - \alpha_1}{V^2 - 1}\right)^{\frac{3}{2}}$ 时，在微结构固体中可以存在一种满足边条件 $|\xi| \to \infty$ 时 u、u_ξ、$u_{\xi\xi} \to 0$ 的非对称反钟型孤立波。

　　证明：由相图 2-1 可以看出，当 $\alpha_1 < 1$、$V^2 < \alpha_1$ 时，在相平面上只存在一条不被奇直线分割的同宿轨道，即从鞍点 a_1 出发围绕中心点 a_4 之后又回到该鞍点的同宿轨道。该同宿轨道位于 y 轴左侧，且对于 x 轴是非对称的，它可无限接近于另一个在奇直线上的鞍点 a_2，但不能通过此鞍点。为求得该同宿轨道存在时参数 α_2 的极限值，我们假设在极限情况下可通过鞍点 a_2，则应有 $H(a_1) = H(a_2)$。利用此等式计算可得：

$$\alpha_2 = \pm \frac{1}{2}\left(\frac{V^2 - \alpha_1}{V^2 - 1}\right)^{\frac{3}{2}} \tag{2-23}$$

此式表明，这条同宿轨道存在时参数 α_2 需要满足条件：$-\dfrac{1}{2}\left(\dfrac{V^2 - \alpha_1}{V^2 - 1}\right)^{\frac{3}{2}} < \alpha_2 < \dfrac{1}{2}\left(\dfrac{V^2 - \alpha_1}{V^2 - 1}\right)^{\frac{3}{2}}$。由动力系统的同宿轨道与偏微分方程的孤立波解之间的对应关系可知，此同宿轨道对应于非线性波方程（2-15）的满足边条件 $|\xi| \to \infty$ 时 u、u_ξ、$u_{\xi\xi} \to 0$ 的反钟型孤立波解。这也就证明了在条件 $\alpha_1 < 1$、$V^2 < \alpha_1$、$-\dfrac{1}{2}\left(\dfrac{V^2 - \alpha_1}{V^2 - 1}\right)^{\frac{3}{2}} < \alpha_2 < \dfrac{1}{2}\left(\dfrac{V^2 - \alpha_1}{V^2 - 1}\right)^{\frac{3}{2}}$ 下，在微结构固体中可以存在满足边条件 $|\xi| \to \infty$ 时 u、u_ξ、$u_{\xi\xi} \to 0$ 的非对称反钟型孤立波。值得注意的是，此钟型孤立波是非对称的，这一点我们从同宿轨道的形状上可以直接看到。为了进一步验证这一结果，在图 2-4 中用数值方法绘制出了此孤立波，并与无微尺度非线性效应时形成的孤立波（即孤立波解（2-13））进行了比较，明显看出这是一种非对称的反钟型孤立波。这种孤立波是由于

二次微观尺度非线性效应的存在，破坏原有的宏观尺度非线性效应和微尺度频散效应的平衡，并重新建立新的平衡后形成的一种孤立波。这一结果与文献［15］中给出的结果相一致。

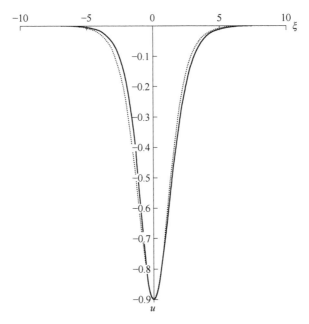

图 2-4 新形成的非对称孤立波（实线）与孤立波
［式（2-13）］（点线）

（参数取为 $\alpha_1 = 0.8$，$\alpha_2 = 0.2$，$V = \sqrt{0.4}$）

定理 2.2 当 $\alpha_1 < 1$、$V^2 > 1$、$-\dfrac{1}{2}\left(\dfrac{V^2-\alpha_1}{V^2-1}\right)^{\frac{3}{2}} < \alpha_2 < \dfrac{1}{2}\left(\dfrac{V^2-\alpha_1}{V^2-1}\right)^{\frac{3}{2}}$ 时，在微结构固体中可以存在一种满足边条件 $|\xi| \to \infty$ 时 u、u_ξ、$u_{\xi\xi} \to 0$ 的非对称钟型孤立波。

证明：由相图 2-2 可以看出，当 $\alpha_1 < 1$、$V^2 > 1$ 时，在相平面上只存在一条不被奇直线分割的同宿轨道，即从鞍点 a_1 出发围绕中心点 a_4，又回到该鞍点的同宿轨道。它位于 y 轴右侧，且对于 x 轴也是非对称的。用同样的方法计算可知，这条同宿轨道存在时参数 α_2 也需要满足条件$-\dfrac{1}{2}\left(\dfrac{V^2-\alpha_1}{V^2-1}\right)^{\frac{3}{2}}<\alpha_2<\dfrac{1}{2}\left(\dfrac{V^2-\alpha_1}{V^2-1}\right)^{\frac{3}{2}}$。因此，根据动力系统的同宿轨道与偏微分方程的孤立波解之间的对应关系，定理 2.2 可得到证明。在图 2-5 中给出的数值计算结果也表明，此时在微结构固体中形成的孤立波是一种非对称的钟型孤立波。

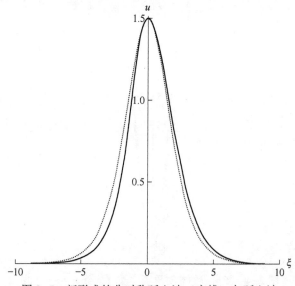

图 2-5　新形成的非对称孤立波（实线）与孤立波
［式（2-13）］（点线）

（参数取为 $\alpha_1=0.8$，$\alpha_2=0.6$，$V=\sqrt{2}$）

定理 2.3　当 $\alpha_1<1$、$\alpha_1<V^2<1$ 时，在微结构固体中不可能存在满足边条件 $|\xi|\to\infty$ 时 u、u_ξ、$u_{\xi\xi}\to0$ 的钟型孤立波。本定理的证明比较简单，直接从相图 2-3 可以看出，在相平面内不存在从鞍点 a_1 出发又回到该鞍点的同宿轨道，因此定理 2.3 可直接得到证明。

（3）当 $\alpha_2=0$、$\alpha_3\neq0$ 时孤立波的存在性。

当 $\alpha_2=0$、$\alpha_3\neq0$ 时，方程（2-11）变成：

$$u_{tt}-u_{xx}-(u^2)_{xx}-u_{ttxx}+\alpha_1u_{xxxx}-\alpha_3(u_x^3)_{xx}=0 \qquad (2\text{-}24)$$

此方程中含有三次微尺度非线性项，所以反映的主要是三次微尺度非线性效应的影响。进行行波约化，即 $\xi = x - Vt$，$u = u(\xi)$ 可得：

$$V^2 u_{\xi\xi} - u_{\xi\xi} - (u^2)_{\xi\xi} - V^2 u_{\xi\xi\xi\xi} + \alpha_1 u_{\xi\xi\xi\xi} - \alpha_3 (u_\xi^3)_{\xi\xi\xi} = 0 \quad (2-25)$$

积分两次并利用边条件 $|\xi| \to \infty$ 时 u、u_ξ、$u_{\xi\xi} \to 0$，可得：

$$(V^2 - 1)u - u^2 - (V^2 - \alpha_1)u_{\xi\xi} - 3\alpha_3 u_\xi^2 u_{\xi\xi} = 0 \quad (2-26)$$

令 $u = x$、$x_\xi = y$，则把方程（2-26）改写为：

$$\begin{cases} x_\xi = y \\ y_\xi = \dfrac{(V^2 - 1)x - x^2}{(V^2 - \alpha_1) + 3\alpha_3 y^2} \end{cases} \quad (2-27)$$

平面系统（2-27）拥有两条奇直线：

$$y_1 = \sqrt{\frac{\alpha_1 - V^2}{3\alpha_3}}, \quad y_2 = -\sqrt{\frac{\alpha_1 - V^2}{3\alpha_3}} \quad (2-28)$$

为了消去这两条奇直线，作如下变换：

$$\mathrm{d}\xi = (V^2 - \alpha_1 + 3\alpha_3 y^2)\mathrm{d}\tau \quad (2-29)$$

在此变换下，系统（2-27）变成如下平面 Hamilton 系统：

$$\begin{cases} \dfrac{\mathrm{d}x}{\mathrm{d}\tau} = (V^2 - \alpha_1)y + 3\alpha_3 y^3 \\ \dfrac{\mathrm{d}y}{\mathrm{d}\tau} = (V^2 - 1)x - x^2 \end{cases} \quad (2-30)$$

在拓扑意义下，除了两条奇直线之外，系统（2-27）和（2-30）有相同的相图。因此，我们通过分析系统（2-30）的相图，可得知系统（2-27）的相图结构。

计算可知，系统（2-30）有首次积分：

$$H(x, y) = \frac{1}{2}(V^2 - \alpha_1)y^2 + \frac{3}{4}\alpha_3 y^4 -$$
$$\frac{1}{2}(V^2 - 1)x^2 + \frac{1}{3}x^3 = h \quad (2-31)$$

式中，h 为积分常数，h 取不同值时首次积分（2-31）表示相平面上的不同的相轨线。另外，系统（2-30）有六个平衡点：

$$a_1(0, 0), \ a_2\left(V^2-1, \sqrt{\frac{\alpha_1-V^2}{3\alpha_3}}\right), \ a_3\left(V^2-1, -\sqrt{\frac{\alpha_1-V^2}{3\alpha_3}}\right), \ a_4\left(0, \sqrt{\frac{\alpha_1-V^2}{3\alpha_3}}\right),$$

$a_5\left(0, \ -\sqrt{\dfrac{\alpha_1 - V^2}{3\alpha_3}}\right)$，$a_6(V^2 - 1, \ 0)$。各点处的 Jacobi 行列式为：

$$J(a_1) = -(V^2 - \alpha_1)(V^2 - 1),$$
$$J(a_2) = -2(V^2 - \alpha_1)(V^2 - 1)$$
$$J(a_3) = -2(V^2 - \alpha_1)(V^2 - 1),$$
$$J(a_4) = 2(V^2 - \alpha_1)(V^2 - 1) \qquad (2\text{-}32)$$
$$J(a_5) = 2(V^2 - \alpha_1)(V^2 - 1),$$
$$J(a_6) = (V^2 - \alpha_1)(V^2 - 1)$$

下面的分析中只考虑正常频散（$\alpha_1 < 1$）的情况，反常频散（$\alpha_1 > 1$）的情况读者可自行分析。

根据动力系统的定性分析理论并利用式（2-32）分析可知：当 $V^2 < \alpha_1$、$\alpha_3 > 0$ 时，点 a_1、a_2 和 a_3 是鞍点，点 a_4、a_5 和 a_6 是中心点；当 $V^2 > 1$、$\alpha_3 < 0$ 时，点 a_1、a_2 和 a_3 是鞍点，点 a_4、a_5 和 a_6 是中心点；当 $\alpha_1 < V^2 < 1$、$\alpha_3 < 0$ 时，点 a_1、a_2 和 a_3 是中心点，点 a_4、a_5 和 a_6 是鞍点。利用 Matlab 等数学软件绘制的相图，如图 2-6～图 2-8 所示。

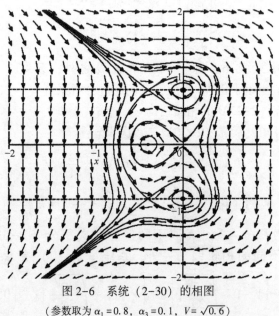

图 2-6　系统（2-30）的相图

（参数取为 $\alpha_1 = 0.8$，$\alpha_3 = 0.1$，$V = \sqrt{0.6}$）

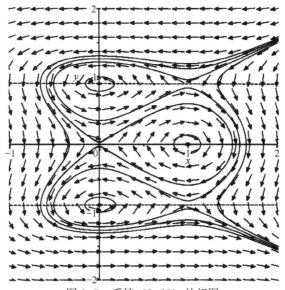

图 2-7 系统（2-30）的相图

（参数取为 $\alpha_1 = 0.8$，$\alpha_3 = -0.5$，$V = \sqrt{2}$）

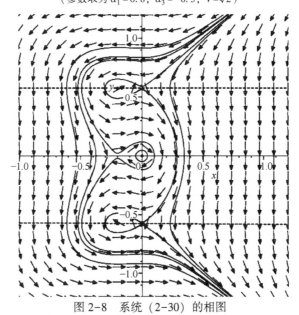

图 2-8 系统（2-30）的相图

（参数取为 $\alpha_1 = 0.6$，$\alpha_3 = -0.2$，$V = \sqrt{0.8}$）

根据各平衡点的性质以及所绘制的相图，可得到如下三个定理。

定理 2.4　当 $\alpha_1<1$、$V^2<\alpha_1$、$0<\alpha_3<\dfrac{1}{2}\dfrac{(\alpha_1-V^2)^2}{(1-V^2)^3}$ 时，在微结构固体中可以存在满足边条件 $|\xi|\rightarrow\infty$ 时 u、u_ξ、$u_{\xi\xi}\rightarrow0$ 的一种对称的反钟型孤立波。

证明：由相图 2-6 可以看出，当 $\alpha_1<1$、$V^2<\alpha_1$、$\alpha_3>0$ 时，在相平面上只存在一条不被两条奇直线分割的同宿轨道，即从鞍点 a_1 出发围绕中心点 a_6 之后又回到该鞍点的同宿轨道。该同宿轨道位于 y 轴左侧，在两条奇直线之间，且对于 x 轴是对称的，它可无限接近于在两条奇直线上的鞍点 a_2 和 a_3，但不能通过这两个鞍点。为求得该同宿轨道存在时参数 α_3 的极限值，我们假设在极限情况下可通过这两个鞍点，则应有 $H(a_1)=H(a_2)$ 或 $H(a_1)=H(a_3)$。利用此等式计算可得：

$$\alpha_3=\frac{1}{2}\frac{(\alpha_1-V^2)^2}{(1-V^2)^3} \tag{2-33}$$

此式表明，这条同宿轨道存在时参数 α_3 应满足条件 $0<\alpha_3<\dfrac{1}{2}\dfrac{(\alpha_1-V^2)^2}{(1-V^2)^3}$。由动力系统的同宿轨道与偏微分方程的孤立波解之间的对应关系可知，此同宿轨道应对应于非线性波方程（2-25）的满足边条件 $|\xi|\rightarrow\infty$ 时 u、u_ξ、$u_{\xi\xi}\rightarrow0$ 的反钟型孤立波解。因此，定理 2.4 得到了证明。为了进一步验证，在图 2-9 中用数值方法绘制出了新形成的孤立波图像并与无微尺度非线性效应时形成的孤立波（2-13）进行了比较。从图中可以看出，这种孤立波不具有非对称特性，而具有对称特性的反钟型孤立波。与无微尺度非线性效应时形成的孤立波（2-13）相比，这种孤立波的幅度保持不变，而其宽度变窄。

这里有一种特殊情况需要引起注意，即当 $\alpha_1<1$、$V^2<\alpha_1$ 时 $\alpha_3<0$ 的情况。在这种情况下平面系统（2-27）在实平面内不存在奇直线，且只有两个平衡点 $a_1(0,0)$ 和 $a_2(V^2-1,0)$。此时，从鞍点

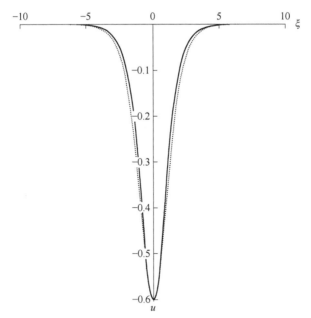

图 2-9　新形成的对称孤立波（实线）与孤立波

[式（2-13）]（点线）

（参数取为 $\alpha_1 = 0.8$，$\alpha_3 = 0.3$，$V = \sqrt{0.6}$）

$a_1(0, 0)$ 出发围绕中心点 $a_2(V^2-1, 0)$ 又回到该鞍点的同宿轨道仍然存在。因此，此时可以存在满足边条件 $|\xi| \to \infty$ 时 u、u_ξ、$u_{\xi\xi} \to 0$ 的对称反钟型孤立波。

定理 2.5　当 $\alpha_1 < 1$、$V^2 > 1$、$\dfrac{1}{2}\dfrac{(\alpha_1-V^2)^2}{(1-V^2)^3} < \alpha_3 < 0$ 时，在微结构固体中可以存在满足边条件 $|\xi| \to \infty$ 时 u、u_ξ、$u_{\xi\xi} \to 0$ 的一种对称钟型孤立波。

证明：由相图 2-7 可以看出，当 $\alpha_1 < 1$、$V^2 > 1$、$\alpha_3 < 0$ 时，在相平面上只存在一条不被两条奇直线分割的从鞍点（0，0）出发围绕中心点（V^2-1，0）又回到该鞍点的同宿轨道。它位于 y 轴右侧，两条奇直线之间，且对 x 轴是对称的。这条同宿轨道存在时参数 α_3 应满足 $\dfrac{1}{2}\dfrac{(\alpha_1-V^2)^2}{(1-V^2)^3} < \alpha_3 < 0$。因此，根据动力系统的同宿轨道与偏微分方程

的孤立波解之间的对应关系，定理2.5可以得到证明。图2-10中给出的数值计算结果也进一步验证了定理2.5的内容。

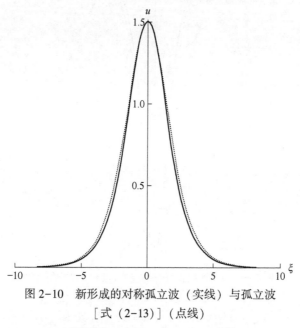

图2-10　新形成的对称孤立波（实线）与孤立波

［式（2-13）］（点线）

（参数取为 $\alpha_1 = 0.8$，$\alpha_3 = -0.5$，$V = \sqrt{2}$）

　　这里也有一种特殊情况需要我们注意，即当 $\alpha_1 < 1$、$V^2 > 1$ 时 $\alpha_3 > 0$ 的情况。在这种情况下平面系统（2-27）在实平面内不存在奇直线，且只有两个平衡点 $a_1(0, 0)$ 和 $a_2(V^2 - 1, 0)$。此时，从鞍点 $a_1(0, 0)$ 出发围绕中心点 $a_2(V^2 - 1, 0)$ 又回到该鞍点的同宿轨道仍然存在。因此，此时也可以存在满足边条件 $|\xi| \to \infty$ 时 u、u_ξ、$u_{\xi\xi} \to 0$ 的对称钟型孤立波。

　　定理2.6　当 $\alpha_1 < 1$、$\alpha_1 < V^2 < 1$、$\alpha_3 < 0$ 时，在微结构固体中不可能存在满足边条件 $|\xi| \to \infty$ 时 u、u_ξ、$u_{\xi\xi} \to 0$ 的钟型孤立波。本定理的证明很简单，直接由相图2-8可以看出，在相平面内不存在从鞍点 a_1 出发又回到该鞍点的同宿轨道，所以定理2.6成立。

　　本节在自由能函数中考虑宏观应变的三次方项、微形变梯度的三次和四次方项，建立了一种新的一维非线性波模型。采用动力系统定性分析方法和数值方法，详细分析了在二次和三次微尺度非线性效应的影响下，微结构固体中孤立波的存在条件及其几何特征，进而证明了当介质参数和孤立波传播速度满足适当条件时，在二次微尺度非线性效应的影响下微结构固体中可以形成一种非对称钟型孤立波，在三次微尺度非线性效应的影响下微结构固体中可以形成一种对称钟型孤立波。

2.2　高次非线性波模型及孤立波

在本章第一节中我们建立模型时主要考虑的是二次非线性效应。本节要考虑微结构固体材料的宏观尺度三次非线性效应、微尺度三次非线性效应以及微尺度频散效应并根据 Mindlin 微结构理论，建立一维微结构固体中纵波传播的一种高次非线性波模型。同样，用动力系统的定性分析方法，证明适当条件下三次非线性微结构固体中可存在对称钟型孤立波和反钟型孤立波以及扭结孤立波与反扭结孤立波并给出这些孤立波的存在条件。同时用数值方法进一步验证这些孤立波的存在性。

2.2.1　高次非线性波模型的建立

对于某些特殊固体材料，如各向同性且中心对称的固体材料，其自由能函数的简单形式可表示为：

$$W = \frac{1}{2}au_x^2 + D\varphi u_x + \frac{1}{2}B\varphi^2 +$$

$$\frac{1}{2}C\varphi_x^2 + \frac{1}{12}Nu_x^4 + \frac{1}{12}M\varphi_x^4 \qquad (2-34)$$

式中，a、D、B、C、N 和 M 都是材料常数。利用应力计算公式：

$$\sigma = \frac{\partial W}{\partial u_x}, \qquad \eta = \frac{\partial W}{\partial \varphi_x}, \qquad \tau = \frac{\partial W}{\partial \varphi} \qquad (2-35)$$

计算出应力，并代入方程（1-14）和（1-15）可得：

$$\rho u_{tt} = au_{xx} + Nu_x^2 u_{xx} + D\varphi_x \qquad (2-36)$$

$$I\varphi_{tt} = C\varphi_{xx} + M\varphi_x^2\varphi_{xx} - B\varphi - Du_x \qquad (2-37)$$

引入无量纲变量 $X = \dfrac{x}{L}$，$T = tc_0/L$（其中 $c_0^2 = \dfrac{a}{\rho}$），$U = \dfrac{u}{U_0}$ 以及几何参数 $\delta = \dfrac{l^2}{L^2}$ 和 $\varepsilon = \dfrac{U_0}{L}$，这里 U_0 和 L 是初始激励的波幅和波长，而 l 是材料的特征长度。利用这些无量纲变量和参数，把方程（2-36）和（2-37）无量纲化为：

$$U_{TT} = U_{XX} + \frac{D}{\rho \varepsilon c_0^2} \varphi_X + \frac{N\varepsilon^2}{\rho c_0^2} U_X^2 U_{XX} \qquad (2\text{-}38)$$

$$\varphi = -\frac{D\varepsilon}{B} U_X + \frac{\delta}{B}\left(\frac{C}{l^2}\varphi_{XX} - \frac{aI}{\rho l^2}\varphi_{TT} \right) + \delta^2 \frac{M}{Bl^4}\varphi_X^2 \varphi_{XX} \qquad (2\text{-}39)$$

把 φ 展开为 δ 的幂级数得：

$$\varphi = \varphi_0 + \delta\varphi_1 + \delta^2\varphi_2 + \delta^3\varphi_3 + L \qquad (2\text{-}40)$$

比较式（2-39）和式（2-40），可确定 φ_0、φ_1、φ_2、φ_3，并利用从属原理可得：

$$\varphi = -\frac{D\varepsilon}{B}U_X + \delta\frac{D\varepsilon}{B^2}\left(\frac{aI}{\rho l^2}U_{XTT} - \frac{C}{l^2}U_{XXX} \right) -$$
$$\delta^2 \frac{MD^3\varepsilon^3}{B^4 l^4} U_{XX}^2 U_{XXX} \qquad (2\text{-}41)$$

把上式代入方程（2-38），并令 $v = U_X$ 可得（下式中直接把 X、T 改写为 x、t）：

$$v_{tt} - bv_{xx} - \frac{\mu}{3}(v^3)_{xx} - \delta(\beta v_{tt} - \gamma v_{xx})_{xx} +$$
$$\delta^2 \frac{\chi}{3}(v_x^3)_{xxx} = 0 \qquad (2\text{-}42)$$

这里 $b = 1 - D^2/(aB)$，$\mu = N\varepsilon^2/a$，$\beta = D^2 I/(l^2\rho B^2)$，$\gamma = D^2 C/(l^2 aB^2)$，$\chi = D^4 M\varepsilon^2/(l^4 aB^4)$，且 $0 < b < 1$，$\mu > 0$，$\beta > 0$，$\gamma > 0$。以上建立的波模型（2-42）是一种包含三次宏观尺度非线性项和三次微尺度非线性项的模型[35,36]。此模型不同于上节所建立的非线性波模型，它包含更高次的非线性项，故称之为高次非线性波模型。

2.2.2 钟型孤立波存在性的证明

为了便于分析，首先对方程（2-42）作如下变换：

$$v = \sqrt{\frac{3b}{\mu}}\, u', \quad x' = \frac{1}{\sqrt{\delta\beta}}x, \quad t' = \sqrt{\frac{b}{\delta\beta}}\, t \qquad (2\text{-}43)$$

代入方程计算可得（下式中已把 u'、x'、t' 改写为 u、x、t）：

$$u_{tt} - u_{xx} - (u^3)_{xx} - u_{ttxx} + \alpha_1 u_{xxxx} + \alpha_2 (u_x^3)_{xxx} = 0 \qquad (2\text{-}44)$$

其中系数 $\alpha_1 = \dfrac{\gamma}{b\beta} > 0$，$\alpha_2 = \dfrac{\chi}{\mu}\beta^{-2}$ 是与材料常数有关的参数。因为方程 (2-44) 是不可积的非线性波方程，所以在一般情况下很难得到该方程的显示精确孤立波解。但在特殊情况下，如 $\alpha_2 = 0$ 时可得到方程 (2-44) 的一种显示精确孤立波解，即：

$$u = \pm\sqrt{2(V^2 - 1)}\, \mathrm{sech}\big[K(x - Vt) \big] \qquad (2\text{-}45)$$

这里 $K = \sqrt{\dfrac{V^2 - 1}{V^2 - \alpha_1}}$，$V$ 是任意波速。这是无微尺度非线性效应时，由于宏观尺度非线性效应和微尺度频散效应的平衡而形成的钟型孤立波与反钟型孤立波。

当 $\alpha_2 \neq 0$ 时，我们采用定性分析方法来证明微结构固体中孤立波的存在性。为此，对方程（2-44）作行波约化，即 $\xi = x - Vt$，$u = u(\xi)$，并积分两次（积分常数取为零）可得：

$$(V^2 - 1)u - u^3 - (V^2 - \alpha_1)u_{\xi\xi} + 3\alpha_2 u_\xi^2 u_{\xi\xi} = 0 \qquad (2\text{-}46)$$

令 $u = x$、$x_\xi = y$，则把方程（2-46）改写为：

$$\begin{cases} x_\xi = y \\[2mm] y_\xi = \dfrac{(V^2 - 1)x - x^3}{(V^2 - \alpha_1) - 3\alpha_2 y^2} \end{cases} \qquad (2\text{-}47)$$

当 $V^2 > \alpha_1$、$\alpha_2 > 0$ 或 $V^2 < \alpha_1$、$\alpha_2 < 0$ 时，系统（2-47）存在有两条奇直线 $y_1 = \sqrt{\dfrac{V^2 - \alpha_1}{3\alpha_2}}$ 和 $y_1 = -\sqrt{\dfrac{V^2 - \alpha_1}{3\alpha_2}}$。为消去这两条奇直线，作如下变换：

$$\mathrm{d}\xi = (V^2 - \alpha_1 - 3\alpha_2 y^2)\,\mathrm{d}\tau \qquad (2\text{-}48)$$

在此变换下，系统（2-47）变成如下的平面 Hamilton 系统：

$$\begin{cases} \dfrac{dx}{d\tau} = (V^2 - \alpha_1)y - 3\alpha_2 y^3 \\[3mm] \dfrac{dy}{d\tau} = (V^2 - 1)x - x^3 \end{cases} \tag{2-49}$$

由动力系统理论可知,在拓扑意义下,除了两条奇直线之外,系统 (2-47) 和 (2-49) 有相同的相图分布。因此,通过分析系统 (2-49) 的相图,可得知系统 (2-47) 的相图分布。

计算可知,系统 (2-49) 有如下首次积分:

$$H(x, y) = \frac{1}{2}(V^2 - \alpha_1)y^2 - \frac{3}{4}\alpha_2 y^4 -$$
$$\frac{1}{2}(V^2 - 1)x^2 + \frac{1}{4}x^4 = h \tag{2-50}$$

式中,h 为积分常数,h 取不同值时首次积分 (2-50) 表示相平面上不同的相轨线。容易得知,系统 (2-49) 最多可以有九个平衡点:

$a_1(0, 0)$, $a_2\left(0, \sqrt{\dfrac{V^2-\alpha_1}{3\alpha_2}}\right)$, $a_3\left(0, -\sqrt{\dfrac{V^2-\alpha_1}{3\alpha_2}}\right)$, $a_4\left(\sqrt{V^2-1}, 0\right)$,

$a_5\left(\sqrt{V^2-1}, \sqrt{\dfrac{V^2-\alpha_1}{3\alpha_2}}\right)$, $a_6\left(\sqrt{V^2-1}, -\sqrt{\dfrac{V^2-\alpha_1}{3\alpha_2}}\right)$, $a_7\left(-\sqrt{V^2-1}, 0\right)$,

$a_8\left(-\sqrt{V^2-1}, \sqrt{\dfrac{V^2-\alpha_1}{3\alpha_2}}\right)$, $a_9\left(-\sqrt{V^2-1}, -\sqrt{\dfrac{V^2-\alpha_1}{3\alpha_2}}\right)$。各平衡点处的

Jacobi 行列式为:

$$\begin{aligned} J(a_1) &= -(V^2 - \alpha_1)(V^2 - 1) \\ J(a_2) &= 2(V^2 - \alpha_1)(V^2 - 1) \\ J(a_3) &= 2(V^2 - \alpha_1)(V^2 - 1) \\ J(a_4) &= 2(V^2 - \alpha_1)(V^2 - 1) \\ J(a_5) &= -4(V^2 - \alpha_1)(V^2 - 1) \\ J(a_6) &= -4(V^2 - \alpha_1)(V^2 - 1) \\ J(a_7) &= 2(V^2 - \alpha_1)(V^2 - 1) \\ J(a_8) &= -4(V^2 - \alpha_1)(V^2 - 1) \\ J(a_9) &= -4(V^2 - \alpha_1)(V^2 - 1) \end{aligned} \tag{2-51}$$

下面先分析正常频散（即 $\alpha_1 < 1$）的情况，反常频散（即 $\alpha_1 > 1$）的情况在下一节分析。

情况 1 当 $\alpha_1 < 1$、$V^2 > 1$、$\alpha_2 > 0$ 时，点 a_1、a_5、a_6、a_8、a_9 是鞍点，点 a_2、a_3、a_4、a_7 是中心点，如图 2-11 所示。此时，在相平面上存在从鞍点 a_1 出发围绕中心点 a_4 和 a_7 的两条同宿轨道。这两条同宿轨道位于 y 轴的左、右两侧，在两条奇直线之间，且对 x 轴是对称的，它们可无限接近于在奇直线上的其他鞍点，但不能通过这些鞍点。为得到该同宿轨道存在时参数 α_2 的极限值，我们假设在极限情况下可通过鞍点 a_i，则应有 $H(a_1) = H(a_i)$（$i = 5, 6, 8, 9$）。由此式计算得到参数 α_2 的极限值为：

$$\alpha_2 = \frac{1}{3} \frac{(V^2 - \alpha_1)^2}{(V^2 - 1)^2} \tag{2-52}$$

这表明，这类同宿轨道存在时参数 α_2 需要满足条件 $0 < \alpha_2 <$

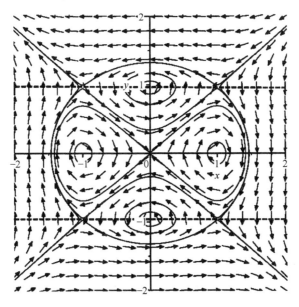

图 2-11 系统（2-49）的相图

（参数取为 $\alpha_1 = 0.6$，$\alpha_2 = 0.5$，$V = \sqrt{2}$）

$\dfrac{1}{3}\dfrac{(V^2-\alpha_1)^2}{(V^2-1)^2}$。由动力系统的同宿轨道与偏微分方程的孤立波解之间

的对应关系可知，在条件 $\alpha_1<1$、$V^2>1$、$0<\alpha_2<\dfrac{1}{3}\dfrac{(V^2-\alpha_1)^2}{(V^2-1)^2}$ 下，微结

构固体中可存在对称钟型孤立波和反钟型孤立波。由此，可总结出如
下定理。

定理 2.7　当 $\alpha_1<1$、$V^2>1$、$0<\alpha_2<\dfrac{1}{3}\dfrac{(V^2-\alpha_1)^2}{(V^2-1)^2}$时，在微结构固体

中可存在一种满足边条件 $|\xi|\to\infty$ 时 u、u_ξ、$u_{\xi\xi}\to0$ 的对称钟型孤立
波和反钟型孤立波。为进一步验证定理 2.7，用数值方法绘制出了在
微结构固体中形成的两种孤立波（如图 2-12 所示），并与无微尺度
非线性效应时形成的孤立波（2-45）进行了比较。明显看出，此时
形成的是对称钟型孤立波和反钟型孤立波，并随着微尺度非线性效应
的增强（即随着 α_2 的增大），两种孤立波的宽度逐渐变窄而幅度保
持不变。为表征孤立波的宽度与微尺度非线性效应的定量变化关系，
在图 2-13 中给出了孤立波的宽度增加量 $\Delta d=2\left[\xi_{you}(u_0)-\xi_{wu}(u_0)\right]$
（其中 $\xi_{you}(u_0)$ 是有微尺度非线性效应时形成的对称孤立波在某一 u_0
处的半宽度，$\xi_{wu}(u_0)$ 是无微尺度非线性效应时形成的孤立波（2-
45）在 u_0 处的半宽度）随 α_2 的变化曲线。由图可见，在 α_2 的变化

范围 $0<\alpha_2<\dfrac{(V^2-\alpha_1)^2}{3(V^2-1)^2}$内，宽度增加量 Δd 随 α_2 的增加而单调递减。

这一结果推广了文献 [15] 的结果，证明了适当条件下微结构固体
中不但可以存在非对称孤立波，还可以存在对称钟型和反钟型孤
立波。

情况 2　当 $\alpha_1<1$、$V^2>1$、$\alpha_2<0$ 时，a_1 是鞍点，a_4、a_7 是中心
点，其余平衡点及奇直线不存在，如图 2-14 所示。此时，在相平面
上存在从鞍点 a_1 出发围绕中心点 a_4 和 a_7 的同宿轨道。这表明，在
条件 $\alpha_1<1$、$V^2>1$、$\alpha_2<0$ 下，微结构固体中可以存在对称钟型孤立波
和反钟型孤立波。因此，可得到定理 2.8。

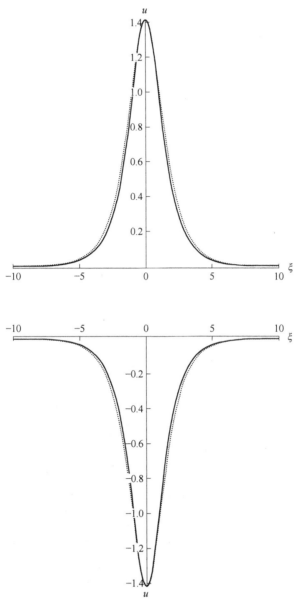

图 2-12 新形成的孤立波（实线）与孤立波［式（2-45）］（点线）

（参数取为 $\alpha_1 = 0.6$, $\alpha_2 = 0.5$, $V = \sqrt{2}$）

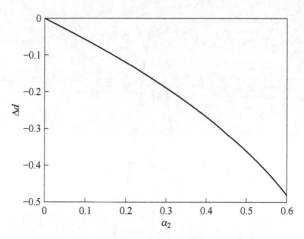

图 2-13　宽度增加量 Δd 随 α_2 的变化曲线

（参数取为 $\alpha_1 = 0.6$，$V = \sqrt{2}$，$u_0 = 0.2763$）

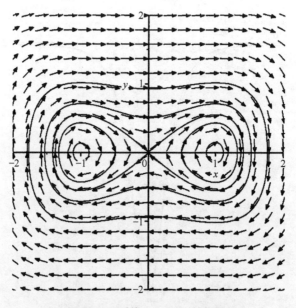

图 2-14　系统（2-49）的相图

（参数取为 $\alpha_1 = 0.6$，$\alpha_3 = -0.5$，$V = \sqrt{2}$）

定理 2.8 当 $\alpha_1 < 1$、$V^2 > 1$、$\alpha_2 < 0$ 时，在微结构固体中可存在一种满足边条件 $|\xi| \to \infty$ 时 u、u_ξ、$u_{\xi\xi} \to 0$ 的对称钟型孤立波和反钟型孤立波。在图 2-15 中绘制了所形成的两种孤立波，并与无微尺度非

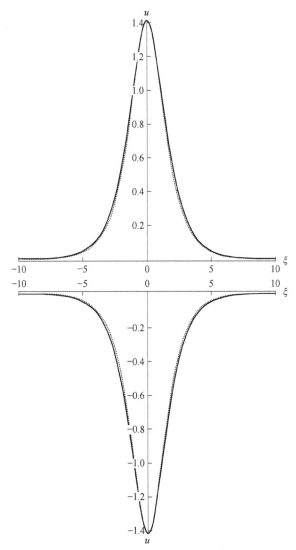

图 2-15 新形成的孤立波（实线）与孤立波［式（2-45）］（点线）

（参数取为 $\alpha_1 = 0.6$，$\alpha_2 = -0.5$，$V = \sqrt{2}$）

线性效应时形成的孤立波（2-45）进行了比较。可以看出，此时形成的也是对称钟型孤立波和反钟型孤立波，且随着微尺度非线性效应的负增强（即随着$-\alpha_2$的增大），它们的宽度逐渐变宽而幅度保持不变。图 2-16 显示了随着$-\alpha_2$的增大，孤立波的宽度逐渐变宽的定量关系。可见，孤立波的宽度增加量Δd随$-\alpha_2$的增加而单调递增。

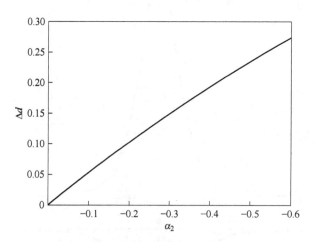

图 2-16　宽度增加量Δd随α_2的变化曲线

（参数取为$\alpha_1 = 0.6$，$V = \sqrt{2}$，$u_0 = 0.3768$）

情况 3　当$\alpha_1 < 1$、$\alpha_1 < V^2 < 1$、$\alpha_2 > 0$ 时，a_2、a_3 是鞍点，a_1 是中心点，其余平衡点及奇直线不存在。此时不存当$|\xi| \rightarrow \infty$ 时 u、u_ξ、$u_{\xi\xi} \rightarrow 0$ 的孤立波解对应的同宿轨道。

情况 4　当$\alpha_1 < 1$、$\alpha_1 < V^2 < 1$、$\alpha_2 < 0$ 时，a_1 是中心点，其余平衡点及奇直线不存在。

情况 5　当$\alpha_1 < 1$、$V^2 < \alpha_1$、$\alpha_2 > 0$ 时，a_1 是鞍点，其余平衡点及奇直线不存在。

情况 6　当$\alpha_1 < 1$、$V^2 < \alpha_1$、$\alpha_2 < 0$ 时，a_1 是鞍点，a_2、a_3 是中心点，其余平衡点及奇直线不存在。此时不存当$|\xi| \rightarrow \infty$ 时 u、u_ξ、$u_{\xi\xi} \rightarrow 0$ 的孤立波解对应的同宿轨道。

2.2.3 扭结孤立波存在性的证明

方程（2-44）的另一种显示精确孤立波解为：

$$u = \pm \sqrt{(V^2 - 1)} \tanh\left[K_1(x - Vt)\right] \tag{2-53}$$

这里 $K_1 = \sqrt{\dfrac{V^2 - 1}{2(\alpha_1 - V^2)}}$，$V$ 是波速。此解表示在忽略微尺度非线性效应的情况下，由于宏观尺度非线性效应与微尺度频散效应的平衡而形成的扭结与反扭结孤立波。当 $\alpha_2 \neq 0$ 时，一般情况下很难得到方程（2-44）的显示孤立波解，因此，用定性分析方法来分析微结构固体中能否存在孤立波的问题。

同样，对方程（2-44）作行波约化 $\xi = x - Vt$，$u = u(\xi)$，并积分两次（积分常数取为零）得：

$$(V^2 - 1)u - u^3 - (V^2 - \alpha_1)u_{\xi\xi} + 3\alpha_2 u_\xi^2 u_{\xi\xi} = 0 \tag{2-54}$$

令 $u = x$、$x_\xi = y$，则可改写为：

$$\begin{cases} x_\xi = y \\ y_\xi = \dfrac{(V^2 - 1)x - x^3}{(V^2 - \alpha_1) - 3\alpha_2 y^2} \end{cases} \tag{2-55}$$

当 $V^2 > \alpha_1$、$\alpha_2 > 0$ 或 $V^2 < \alpha_1$、$\alpha_2 < 0$ 时，系统（2-55）有两条奇直线 $y_1 = \sqrt{\dfrac{V^2 - \alpha_1}{3\alpha_2}}$ 和 $y_1 = -\sqrt{\dfrac{V^2 - \alpha_1}{3\alpha_2}}$。为消去这两条奇直线，作变换：

$$d\xi = (V^2 - \alpha_1 - 3\alpha_2 y^2)d\tau \tag{2-56}$$

在此变换下，系统（2-55）变成平面 Hamilton 系统：

$$\begin{cases} \dfrac{dx}{d\tau} = (V^2 - \alpha_1)y - 3\alpha_2 y^3 \\ \dfrac{dy}{d\tau} = (V^2 - 1)x - x^3 \end{cases} \tag{2-57}$$

系统（2-57）有首次积分：

$$H(x, y) = \frac{1}{2}(V^2 - \alpha_1)y^2 - \frac{3}{4}\alpha_2 y^4 -$$
$$\frac{1}{2}(V^2 - 1)x^2 + \frac{1}{4}x^4 = h \tag{2-58}$$

在拓扑意义下，除了两条奇直线之外，系统（2-55）和（2-57）有相同的相图分布。由此可知，系统（2-57）最多可以有九个平衡点：$a_1(0, 0)$，$a_2\left(0, \sqrt{\dfrac{V^2-\alpha_1}{3\alpha_2}}\right)$，$a_3\left(0, -\sqrt{\dfrac{V^2-\alpha_1}{3\alpha_2}}\right)$，$a_4\left(\sqrt{V^2-1}, 0\right)$，$a_5\left(\sqrt{V^2-1}, \sqrt{\dfrac{V^2-\alpha_1}{3\alpha_2}}\right)$，$a_6\left(\sqrt{V^2-1}, -\sqrt{\dfrac{V^2-\alpha_1}{3\alpha_2}}\right)$，$a_7\left(-\sqrt{V^2-1}, 0\right)$，$a_8\left(-\sqrt{V^2-1}, \sqrt{\dfrac{V^2-\alpha_1}{3\alpha_2}}\right)$，$a_9\left(-\sqrt{V^2-1}, -\sqrt{\dfrac{V^2-\alpha_1}{3\alpha_2}}\right)$。这里我们要讨论反常频散，即 $\alpha_1 > 1$ 的情况。

情况 1　当 $\alpha_1 > 1$、$1 < V^2 < \alpha_1$、$\alpha_2 < 0$ 时，平衡点 a_2、a_3、a_4、a_7 是鞍点，而平衡点 a_1、a_5、a_6、a_8、a_9 是中心点，如图 2-17 所示。此时，在相平面内存在从鞍点 a_4 出发到另一鞍点 a_7 的两条异宿轨道。这类异宿轨道对于 y 轴是对称的，它可无限接近于在奇直线上的另两个鞍点，但不能通过这些鞍点。为得到这类异宿轨道存在时参数 α_2 的极限值，我们假设在极限情况下可通过鞍点 a_i，则应有 $H(a_4) = H(a_i)$ 或 $H(a_7) = H(a_i)(i = 2, 3)$。由此式计算得到参数 α_2 的极限值为：

$$\alpha_2 = -\frac{1}{3}\frac{(V^2 - \alpha_1)^2}{(V^2 - 1)^2} \tag{2-59}$$

这表明，这类异宿轨道存在时参数 α_2 需要满足条件 $-\dfrac{1}{3}\dfrac{(V^2-\alpha_1)^2}{(V^2-1)^2} < \alpha_2 < 0$。由动力系统的异宿轨道与偏微分方程的扭结孤立波解之间的对应关系可知，在条件 $\alpha_1 > 1$、$1 < V^2 < \alpha_1$、$-\dfrac{1}{3}\dfrac{(V^2-\alpha_1)^2}{(V^2-1)^2} < \alpha_2 < 0$ 下，微结构固体中可以存在扭结和反扭结孤立波。因此，我们可总结出如下定理。

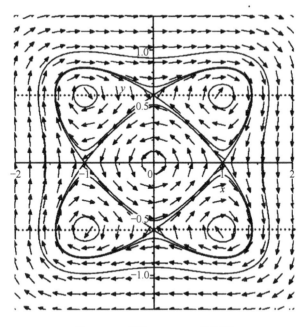

图 2-17 系统 (2-57) 的相图

(参数取为 $\alpha_1 = 5$，$\alpha_2 = -2.8$，$V = \sqrt{2}$)

定理 2.9 当 $\alpha_1 < 1$、$V^2 > 1$、$\alpha_2 < 0$ 时，在微结构固体中可存在一种满足边条件 $|\xi| \to \infty$ 时 $u \to \sqrt{V^2 - 1}$，u_ξ、$u_{\xi\xi} \to 0$ 的扭结孤立波和反扭结孤立波。在图 2-18 中，用数值积分方法绘制了在高次微尺度非线性效应的作用下所形成的两种扭结孤立波，并与无微尺度非线性效应时形成的孤立波 (2-53) 进行了比较。明显看出，高次微尺度非线性效应可以使两种扭结孤立波变陡峭，但它们的幅度保持不变。为表征高次微尺度非线性效应对扭结孤立波的影响，在图 2-19 中给出了孤立波在某一位置处的幅值改变量 $\Delta u = u(\xi_0) - u_0(\xi_0)$（其中 $u(\xi_0)$ 是存在高次微尺度非线性效应时所形成的孤立波在某一 ξ_0 处的幅值，$u_0(\xi_0)$ 是式 (2-53) 表示的孤立波在同一 ξ_0 处的幅值）随 α_2 的定量变化关系。由图 2-19 可以看出，随着高次微尺度非线性效应的负增强（即随 $-\alpha_2$ 的增大），孤立波的幅值改变量 Δu 越来越大，即孤

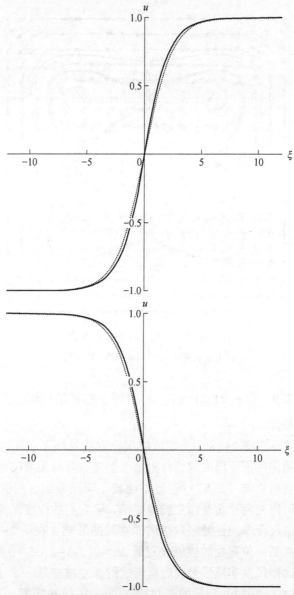

图 2-18　新形成的扭结（反扭结）孤立波与扭结
（反扭结）孤立波［式（2-53）］

（参数取为 $\alpha_1 = 5$，$\alpha_2 = -2.8$，$V = \sqrt{2}$）

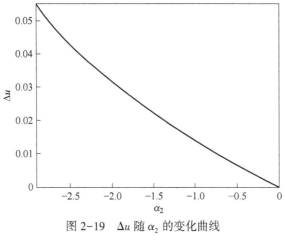

图 2-19　Δu 随 α_2 的变化曲线

（参数取为 $\alpha_1 = 5$，$V = \sqrt{2}$，$\xi_0 = 2$）

立波变得越来越陡峭。由此得到结论：在适当条件下高次非线性和反常频散微结构固体中可以存在扭结和反扭结孤立波，高次微尺度非线性效应的负增强可以使两种扭结孤立波变得越来越陡峭，但它们的幅度保持不变。

情况 2　当 $\alpha_1 > 1$、$1 < V^2 < \alpha_1$、$\alpha_2 > 0$ 时，平衡点 a_1 是中心点，而平衡点 a_4、a_7 是鞍点，其余平衡点及奇直线不存在，如图 2-20 所示。此时，在相平面内存在从鞍点 a_4 出发到另一鞍点 a_7 的异宿轨道。这表明，在条件 $\alpha_1 > 1$、$1 < V^2 < \alpha_1$、$\alpha_2 > 0$ 下，微结构固体中也可以存在扭结和反扭结孤立波，如图 2-21 所示。因此，可总结出如下定理。

定理 2.10　当 $\alpha_1 > 1$、$1 < V^2 < \alpha_1$、$\alpha_2 > 0$ 时，在微结构固体中可以存在一种满足边条件 $|\xi| \to \infty$ 时 $u \to \sqrt{V^2 - 1}$，u_ξ、$u_{\xi\xi} \to 0$ 的扭结孤立波和反扭结孤立波。在图 2-22 中绘制了扭结孤立波的幅值改变量 Δu 与 α_2 的定量关系。结合图 2-21 和图 2-22 可以看出，随着高次微尺度非线性效应的增强，两种扭结孤立波变得越来越平缓，但它们的幅度保持不变。这些结果推广了文献［5，31］的结果，论证了适当条件下微结构固体中不但可以存在非对称孤立波、对称钟型和反钟型孤立波，还可以存在扭结和反扭结孤立波。

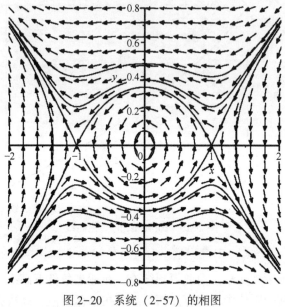

图 2-20　系统（2-57）的相图

（参数取为 $\alpha_1 = 5$，$\alpha_2 = 8$，$V = \sqrt{2}$）

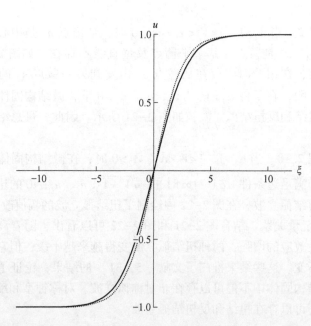

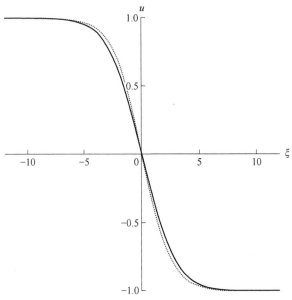

图 2-21　新形成的扭结（反扭结）孤立波与扭结
（反扭结）孤立波 ［式（2-53）］

（参数取为 $\alpha_1 = 5$，$\alpha_2 = 8$，$V = \sqrt{2}$）

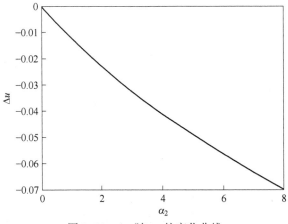

图 2-22　Δu 随 α_2 的变化曲线

（参数取为 $\alpha_1 = 5$，$V = \sqrt{2}$，$\xi_0 = 2$）

　　情况 3　当 $\alpha_1>1$、$V^2<1$、$\alpha_2<0$ 时，平衡点 a_2 和 a_3 是中心点，a_1 是鞍点，其余平衡点及奇直线不存在，也不存在异宿轨道。

　　情况 4　当 $\alpha_1>1$、$V^2<1$、$\alpha_2>0$ 时，平衡点 a_1 是鞍点，其余平衡点及奇直线不存在。

　　情况 5　当 $\alpha_1>1$、$V^2>\alpha_1$、$\alpha_2<0$ 时，平衡点 a_1 是鞍点，a_4 和 a_7 是中心点，其余平衡点及奇直线不存在。这时不存在异宿轨道，而存在同宿轨道（如图 2-23 所示）。此类情况与在 2.2.2 节里研究的情况类同，故这里不再详细分析。

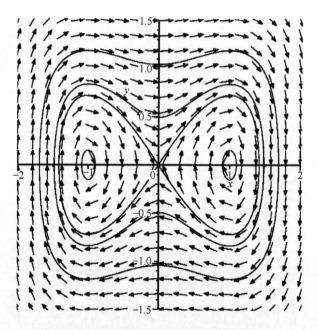

图 2-23　系统方程式（2-57）的相图

（参数取为 $\alpha_1=1.2$，$\alpha_2=-0.2$，$V=\sqrt{2}$）

　　情况 6　当 $\alpha_1>1$、$V^2>\alpha_1$、$\alpha_2>0$ 时，平衡点 a_1、a_5、a_6、a_8、a_9 是鞍点，a_2、a_3、a_4、a_7 是中心点。此时存在同宿轨道（如图 2-24 所示），因此这类情况与在 2.2.2 节里讨论的情况类同。

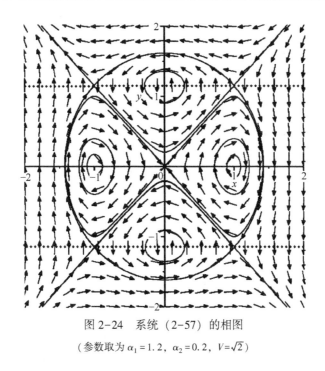

图 2-24 系统 (2-57) 的相图

（参数取为 $\alpha_1 = 1.2$，$\alpha_2 = 0.2$，$V = \sqrt{2}$）

本节根据 Mindlin 微结构理论，在考虑微结构固体材料的宏观尺度三次非线性效应、微尺度三次非线性效应以及微尺度频散效应的情况下，建立了一维微结构固体中纵波传播的一种高次非线性波模型。用动力系统的定性分析方法，证明了固体微结构参数以及孤立波的传播速度满足适当条件时，微结构固体中也可以存在对称钟型孤立波、对称反钟型孤立波、扭结孤立波和反扭结孤立波，并给出了这些孤立波的存在条件。数值计算结果表明，随着微尺度高次非线性效应的正增强，钟型（反钟型）孤立波的宽度越来越变得窄，而随着微尺度高次非线性效应的负增强，钟型（反钟型）孤立波的宽度越来越宽，但它们的幅度保持不变。随着微尺度高次非线性效应的负增强，使扭结和反扭结孤立波变得越来越陡峭，而微尺度高次非线性效应的正增强，使扭结和反扭结孤立波变得越来越平缓，但它们的幅度保持不变。

2.3　新非线性波模型及非光滑孤立波

在 2.1 节和 2.2 节中我们建立微结构固体中的波模型时有两点不足：一是建立模型时所采用的自由能函数都比较特殊，即只考虑宏观应变和微形变的特殊几个二次项，就考虑了三次项或四次项等高次项；二是建立模型时都利用从属原理做了近似简化处理。本节先从弹性固体自由能函数的基本要求出发，将给出一种新自由能函数，然后根据 Mindline 微结构弹性固体理论，建立一种新的非线性波模型。最后，利用平面动力系统的定性分析理论和分岔理论，分析微结构固体中能否存在孤立波的问题。

2.3.1　新非线性波模型的建立

针对上两节中建立模型时所采用的自由能函数比较特殊的问题，本节在自由能函数中考虑宏观应变和微形变的全部二次项，在此基础上再考虑宏观应变的三次项，忽略了相对甚小的微形变的三次项以及其他高次项，因此新自由能函数的具体形式为：

$$W = \frac{1}{2}au_x^2 + \frac{1}{2}B\psi^2 + \frac{1}{2}C\psi_x^2 + D_1\psi u_x +$$

$$D_2\psi_x u_x + D_3\psi\psi_x + \frac{1}{6}Nu_x^3 \qquad (2-60)$$

式中　　　　　　　　u——宏观位移；

u_x——宏观应变；

ψ——微形变；

ψ_x——微形变梯度；

a，B，C，D_1，D_2，D_3，N——材料常数。

第 1 章里给出的微结构固体一维运动方程为：

$$\rho\frac{\partial^2 u}{\partial t^2} = \frac{\partial\sigma}{\partial x}, \quad I\frac{\partial^2\psi}{\partial t^2} = \frac{\partial\mu}{\partial x} - \tau_0 \qquad (2-61)$$

这里 $\sigma = \dfrac{\partial W}{\partial u_x}$，$\tau_0 = \dfrac{\partial W}{\partial \psi}$，$\mu = \dfrac{\partial W}{\partial \psi_x}$，$\rho$ 表示宏观密度，I 表示微惯性。把式（2-60）代入式（2-61）计算得：

$$\rho u_{tt} = a u_{xx} + D_1 \psi_x + D_2 \psi_{xx} + N u_x u_{xx} \qquad (2-62)$$

$$I \psi_{tt} = C \psi_{xx} + D_2 u_{xx} - B \psi - D_1 u_x \qquad (2-63)$$

从式（2-63）求出 ψ 并对两边求 x 的一次导得：

$$\psi_x = \frac{1}{B}(C\psi_{xxx} - I\psi_{ttx}) + \frac{1}{B}(D_2 u_{xxx} - D_1 u_{xx}) \qquad (2-64)$$

从式（2-62）求出 ψ_x 并对两边求 t 的二次导得：

$$\psi_{ttx} = \frac{1}{D_1}(\rho u_{tt} - N u_x u_{xx} - a u_{xx})_{tt} - \frac{D_2}{D_1}\psi_{ttxx} \qquad (2-65)$$

对式（2-63）两边求 x 的二次导得：

$$\psi_{ttxx} = \frac{C}{I}\psi_{xxxx} + \frac{D_2}{I}u_{xxxx} - \frac{B}{I}\psi_{xx} - \frac{D_1}{I}u_{xxx} \qquad (2-66)$$

从式（2-62）求出 ψ_{xx} 并对两边求 x 的二次导得：

$$\psi_{xxxx} = \frac{1}{D_2}(\rho u_{tt} - a u_{xx} - N u_x u_{xx})_{xx} - \frac{D_1}{D_2}\psi_{xxx} \qquad (2-67)$$

把式（2-67）代入式（2-66）得：

$$\begin{aligned}
\psi_{ttxx} = {} & \frac{C}{D_2 I}(\rho u_{tt} - a u_{xx} - N u_x u_{xx})_{xx} - \frac{C D_1}{D_2 I}\psi_{xxx} + \\
& \frac{D_2}{I}u_{xxxx} - \frac{B}{I}\psi_{xx} - \frac{D_1}{I}u_{xxx}
\end{aligned} \qquad (2-68)$$

把式（2-68）代入式（2-65）得：

$$\begin{aligned}
\psi_{ttx} = {} & \frac{1}{D_1}(\rho u_{tt} - a u_{xx} - N u_x u_{xx})_{tt} - \\
& \frac{C}{D_1 I}(\rho u_{tt} - a u_{xx} - N u_x u_{xx})_{xx} + \\
& \frac{C}{I}\psi_{xxx} - \frac{D_2^{\,2}}{D_1 I}u_{xxxx} + \frac{B D_2}{D_1 I}\psi_{xx} + \frac{D_2}{I}u_{xxx}
\end{aligned} \qquad (2-69)$$

把式（2-69）代入式（2-64）得：

$$\psi_x = -\frac{I}{BD_1}(\rho u_{tt} - au_{xx} - Nu_x u_{xx})_{tt} +$$

$$\frac{C}{BD_1}(\rho u_{tt} - au_{xx} - Nu_x u_{xx})_{xx} + \qquad (2\text{-}70)$$

$$\frac{D_2{}^2}{BD_1}u_{xxxx} - \frac{D_2}{D_1}\psi_{xx} - \frac{D_1}{B}u_{xx}$$

再把式（2-70）代入式（2-62），并整理可得：

$$u_{tt} + \left(\frac{D_1^2}{B\rho} - \frac{a}{\rho}\right)u_{xx} - \frac{1}{2}\frac{N}{\rho}(u_x^2)_x + \frac{I}{B}u_{tttt} - \left(\frac{aI}{B\rho} + \frac{C}{B}\right)u_{ttxx} +$$

$$\frac{aC - D_2{}^2}{B\rho}u_{xxxx} - \frac{1}{2}\frac{NI}{\rho B}(u_x^2)_{xtt} + \frac{1}{2}\frac{CN}{B\rho}(u_x^2)_{xxx} = 0 \qquad (2\text{-}71)$$

引入几个无量纲变量和无量纲参数：

$$U = u/u_0, \quad X = x/L, \quad T = c_0 t/L, \quad \lambda = \frac{u_0}{L}$$

$$\qquad (2\text{-}72)$$

$$C = C^* l^2, \quad I = \rho l^2 I^*, \quad D_2 = D_2^* l, \quad \xi = \frac{l^2}{L^2}$$

式中，u_0 和 L 是初始激励的波幅和波长，l 表示材料特征长度，而常数 $c_0^2 = \dfrac{a}{\rho}$。利用式（2-72），把方程（2-71）无量纲化为（下式中已把 U、X、T 改写为 u、x、t）：

$$u_{tt} + bu_{xx} - \frac{\eta}{2}(u_x^2)_x + \theta u_{tttt} - \beta u_{ttxx} +$$

$$\qquad (2\text{-}73)$$

$$\gamma u_{xxxx} - \frac{\eta\theta}{2}(u_x^2)_{xtt} + \frac{\chi}{2}(u_x^2)_{xxx} = 0$$

式中，$b = \dfrac{D_1^2}{aB} - 1$，$\eta = \dfrac{N}{a}\lambda$，$\theta = \dfrac{aI^*}{B}\xi$，$\beta = \left(\dfrac{aI^*}{B} + \dfrac{C^*}{B}\right)\xi$，$\gamma = \dfrac{(aC^* - D_2^{*2})}{aB}\xi$，

$\chi = \dfrac{C^* N}{aB}\lambda\xi$ 都是与材料常数有关的参数。方程（2-73）是本节我们建立的描述微结构固体中一维纵波传播的新模型。此模型适合于描述微结构非线性效应较弱的弹性固体，因为建立此方程时所用的自由能表

达式中忽略了微形变的三次及以上项。从建立过程可以看出，我们在建模过程中未使用从属原理进行近似简化处理。

2.3.2 系统的分岔

借助宏观应变 $v = u_x$，把方程（2-73）改写为：

$$v_{tt} + bv_{xx} - \frac{\eta}{2}(v^2)_{xx} + \theta v_{ttt} - \beta v_{ttxx} +$$

$$\gamma v_{xxxx} - \frac{\eta\theta}{2}(v^2)_{xxtt} + \frac{\chi}{2}(v^2)_{xxxx} = 0 \qquad (2-74)$$

再通过变换：

$$v = \frac{2b}{\eta}u', \quad x' = \frac{\sqrt{2\eta}}{2b}x, \quad t' = \sqrt{\frac{\eta}{2b}}t \qquad (2-75)$$

把方程（2-74）简化为（下式中已把 u'、x'、t' 改写为 u、x、t）：

$$u_{tt} + u_{xx} - (u^2)_{xx} + \alpha_1 u_{ttt} - \alpha_2 u_{xxtt} +$$

$$\alpha_3 u_{xxxx} - \alpha_1(u^2)_{xxtt} + \alpha_4(u^2)_{xxxx} = 0 \qquad (2-76)$$

式中，$\alpha_1 = \frac{\eta\theta}{2b}$，$\alpha_2 = \frac{\eta\beta}{2b^2}$，$\alpha_3 = \frac{\eta\gamma}{2b^3}$，$\alpha_4 = \frac{\chi}{2b^2}$。为把方程（2-76）化为等效动力系统，对其进行行波约化 $\xi = x - Vt$，$u = \varphi(\xi)$ 可得：

$$V^2\varphi_{\xi\xi} + \varphi_{\xi\xi} - (\varphi^2)_{\xi\xi} + V^4\alpha_1\varphi_{\xi\xi\xi\xi} - V^2\alpha_2\varphi_{\xi\xi\xi\xi} +$$

$$\alpha_3\varphi_{\xi\xi\xi\xi} - V^2\alpha_1(\varphi^2)_{\xi\xi\xi\xi} + \alpha_4(\varphi^2)_{\xi\xi\xi\xi} = 0 \qquad (2-77)$$

对方程（2-77）积分两次并令积分常数为零，可得：

$$c\varphi - \varphi^2 + \varepsilon\varphi_{\xi\xi} - \delta(\varphi^2)_{\xi\xi} = 0 \qquad (2-78)$$

式中，$c = V^2 + 1 > 0$，$\varepsilon = V^4\alpha_1 - V^2\alpha_2 + \alpha_3$，$\delta = V^2\alpha_1 - \alpha_4$。

令 $\varphi = x$、$x_\xi = y$，则把方程（2-78）化为平面系统：

$$\begin{cases} x_\xi = y \\ y_\xi = \dfrac{cx - x^2 - 2\delta y^2}{2\delta x - \varepsilon} \end{cases} \qquad (2-79)$$

系统（2-79）有一条奇直线 $x = \dfrac{\varepsilon}{2\delta}$，为取消此奇直线，作变换：

$$\mathrm{d}\xi = (2\delta x - \varepsilon)\mathrm{d}\tau \tag{2-80}$$

可得：

$$\begin{cases} \dfrac{\mathrm{d}x}{\mathrm{d}\tau} = (2\delta x - \varepsilon)y \\ \dfrac{\mathrm{d}y}{\mathrm{d}\tau} = cx - x^2 - 2\delta y^2 \end{cases} \tag{2-81}$$

系统（2-81）是平面 Hamilton 系统，有首次积分：

$$H(x, y) = \frac{(2\delta x - \varepsilon)^2}{96\delta^3}(48\delta^3 y^2 + 12\delta^2 x^2 + \\ 4\delta\varepsilon x + \varepsilon^2 - 16c\delta^2 x - 4c\delta\varepsilon) = h \tag{2-82}$$

式中，h 是积分常数，当 h 取不同值时式（2-82）可表示相平面上不同的相轨线。系统（2-81）的 Jacobi 行列式为：

$$J(x, y) = (2\delta x - \varepsilon)(2x - c) - 8\delta^2 y^2 \tag{2-83}$$

根据动力系统的定性分析理论[37~40]可知，在拓扑意义下，除了奇直线外，系统（2-81）和（2-79）有相同的相图分布。因此，通过分析系统（2-81）的相图，可得知系统（2-79）的相图结构。系统（2-81）最多可以有四个平衡点：$a_1(0, 0)$，$a_2(c, 0)$，$a_3\left(\dfrac{\varepsilon}{2\delta}, \sqrt{\dfrac{2c\delta\varepsilon-\varepsilon^2}{8\delta^3}}\right)$，$a_4\left(\dfrac{\varepsilon}{2\delta}, -\sqrt{\dfrac{2c\delta\varepsilon-\varepsilon^2}{8\delta^3}}\right)$。在各平衡点处的首次积分值为：

$$\begin{cases} H(0, 0) = \dfrac{\varepsilon^3(\varepsilon - 4c\delta)}{96\delta^3} \\ H(c, 0) = \dfrac{(\varepsilon - 2c\delta)^3(2c\delta + \varepsilon)}{96\delta^3} \\ H\left(\dfrac{\varepsilon}{2\delta}, \sqrt{\dfrac{2c\delta\varepsilon - \varepsilon^2}{8\delta^3}}\right) = 0 \\ H\left(\dfrac{\varepsilon}{2\delta}, -\sqrt{\dfrac{2c\delta\varepsilon - \varepsilon^2}{8\delta^3}}\right) = 0 \end{cases} \tag{2-84}$$

在各平衡点处的 Jacobi 行列式值为：

$$\begin{cases} J(0,\ 0) = \varepsilon c \\ J(c,\ 0) = (2\delta c - \varepsilon)c \\ J\left(\dfrac{\varepsilon}{2\delta},\ \sqrt{\dfrac{2c\delta\varepsilon - \varepsilon^2}{8\delta^3}}\right) = -\dfrac{2c\delta\varepsilon - \varepsilon^2}{\delta} \\ J\left(\dfrac{\varepsilon}{2\delta},\ -\sqrt{\dfrac{2c\delta\varepsilon - \varepsilon^2}{8\delta^3}}\right) = -\dfrac{2c\delta\varepsilon - \varepsilon^2}{\delta} \end{cases} \tag{2-85}$$

利用式（2-84）和分岔理论[37~42]计算可知，在参数平面（δ，ε）上系统有 6 条分岔线：

$$l_1: \varepsilon = 4c\delta \tag{2-86}$$

$$l_2: \varepsilon = 2c\delta \tag{2-87}$$

$$l_3: \varepsilon = c\delta \tag{2-88}$$

$$l_4: \varepsilon = 0 \tag{2-89}$$

$$l_5: \varepsilon = -2c\delta \tag{2-90}$$

$$l_6: \delta = 0 \tag{2-91}$$

当 $c=2$ 时绘制的分岔线，如图 2-25 所示。

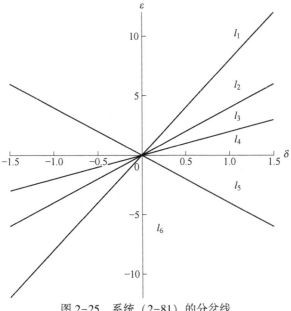

图 2-25　系统（2-81）的分岔线

2.3.3　微结构固体中的非光滑孤立波

2.3.3.1　孤立波演变成尖孤立波

根据动力系统的定性分析理论[37~40]并利用式（2-85），在 $l_1 < l_2 < l_3 < l_4 < l_5$ 且 $\delta < 0$ 的各区域以及分岔线上做分析，可得如下结论：

（1）当 $\varepsilon < 4c\delta$ 时，系统（2-81）有四个平衡点，其中点 $a_1(0, 0)$，$a_3\left(\dfrac{\varepsilon}{2\delta}, \sqrt{\dfrac{2c\delta\varepsilon - \varepsilon^2}{8\delta^3}}\right)$，$a_4\left(\dfrac{\varepsilon}{2\delta}, -\sqrt{\dfrac{2c\delta\varepsilon - \varepsilon^2}{8\delta^3}}\right)$ 是鞍点，$a_2(c, 0)$ 是中心点。此时存在一条围绕中心点 $a_2(c, 0)$，连接鞍点 $a_1(0, 0)$ 的同宿轨道（如图 2-26 所示）。当 ε 逐渐趋于 $4c\delta$ 并且 $\varepsilon = 4c\delta$ 时，此同宿轨道逐渐变成三角形轨道（如图 2-27 所示）。研究已指出，动力系统的三角形轨道对应于偏微分方程的尖孤立波解[37,40]。因此，当 $\delta < 0$，$\varepsilon = 4c\delta$ 时，沿此三角形轨道积分可得：

$$u = 2ce^{-\sqrt{-\frac{1}{4\delta}}|\xi|} \tag{2-92}$$

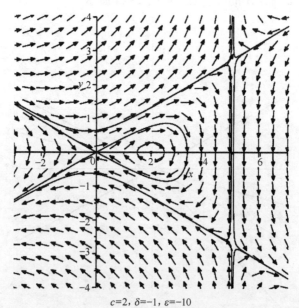

$$c=2,\ \delta=-1,\ \varepsilon=-10$$

图 2-26　同宿轨道

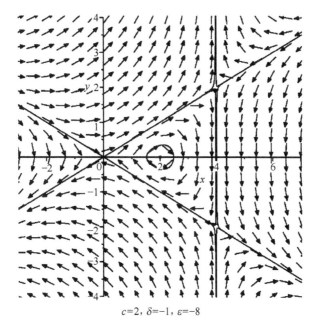

$$c=2, \delta=-1, \varepsilon=-8$$

图 2-27　三角形轨道

解（2-92）表示的是由光滑孤立波演变而形成的尖孤立波，其存在条件为 $\delta < 0$，$\varepsilon = 4c\delta$。图 2-28 显示的是用数值方法直接求解方程（2-78）而得到的结果，此结果与定性分析方法得到的结果相比完全吻合。这进一步有效地验证了微结构中的光滑孤立波可以演变成尖孤立波的结论。

（2）当 $\varepsilon > -2c\delta$ 时，系统（2-81）有四个平衡点，其中点 $a_2(c, 0)$，$a_3\left(\dfrac{\varepsilon}{2\delta}, \sqrt{\dfrac{2c\delta\varepsilon - \varepsilon^2}{8\delta^3}}\right)$，$a_4\left(\dfrac{\varepsilon}{2\delta}, -\sqrt{\dfrac{2c\delta\varepsilon - \varepsilon^2}{8\delta^3}}\right)$ 是鞍点，$a_1(0, 0)$ 是中心点。此时存在一条包围中心点 $a_1(0, 0)$，连接鞍点 $a_2(c, 0)$ 的同宿轨道（如图 2-29 所示）。当 ε 逐渐趋于 $-2c\delta$ 并且 $\varepsilon = -2c\delta$ 时，此同宿轨道逐渐变成三角形轨道（如图 2-30 所示）。沿此三角形轨道积分可得：

$$u = -2ce^{-\sqrt{-\frac{1}{4\delta}}|\xi|} + c \tag{2-93}$$

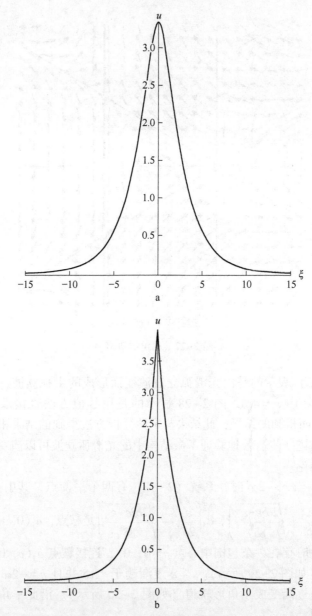

图 2-28　光滑孤立波演变成尖孤立波

a—$c=2$, $\delta=-1$, $\varepsilon=-10$; b—$c=2$, $\delta=-1$, $\varepsilon=-8$

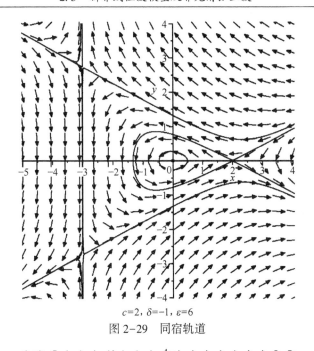

$c=2$, $\delta=-1$, $\varepsilon=6$

图 2-29 同宿轨道

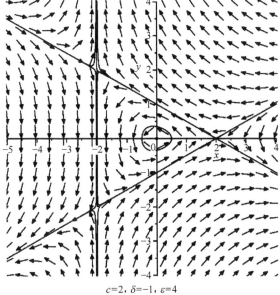

$c=2$, $\delta=-1$, $\varepsilon=4$

图 2-30 三角形轨道

解（2-93）表示的是由光滑孤立波演变而形成的尖孤立波，其存在条件为 $\delta < 0$，$\varepsilon = -2c\delta$。图 2-31 显示的是用数值方法直接求解方

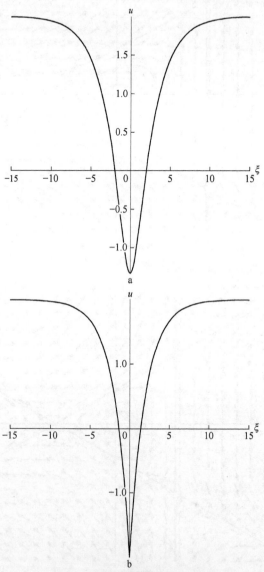

图 2-31 光滑孤立波演变成尖孤立波

a—$c=2$, $\delta=-1$, $\varepsilon=6$; b—$c=2$, $\delta=-1$, $\varepsilon=4$

程（2-78）而得到的结果，此结果与定性分析方法得到的结果完全吻合。这也进一步有效地验证了光滑孤立波可以演变成尖孤立波的结论。

2.3.3.2 孤立波演变成紧孤立波

根据动力系统的定性分析理论[37~40]并利用式（2-85），在 $l_1>l_2>l_3>l_4>l_5$ 且 $\delta>0$ 的各区域以及分岔线上做分析，可得如下结论：

（1）当 $2c\delta<\varepsilon<4c\delta$ 时，系统（2-81）有两个平衡点，其中点 a_1(0，0) 是中心点，$a_2(c，0)$ 是鞍点。此时存在一条包围中心点 a_1(0，0)，连接鞍点 $a_2(c，0)$ 的同宿轨道（如图2-32所示）。当 ε 逐渐趋于 $2c\delta$ 并且 $\varepsilon=2c\delta$ 时，此同宿轨道逐渐演变成与奇直线相切的一种卵形曲线轨道（如图2-33所示），切点称为幂零奇点[41]。我们沿着此卵形曲线轨道积分可得：

$$u = \frac{c}{3} - \frac{2c}{3}\cos\left(\frac{\xi}{\sqrt{4\delta}}\right) \tag{2-94}$$

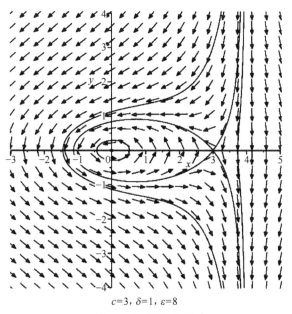

$$c=3，\delta=1，\varepsilon=8$$

图 2-32 同宿轨道

解（2-94）表示的是一种精确光滑周期波解，其存在条件为 $\delta>0$，

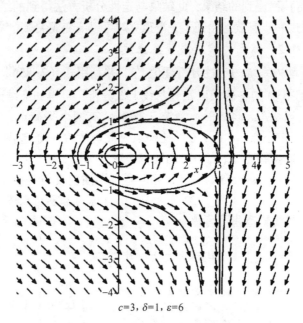

$c=3$, $\delta=1$, $\varepsilon=6$

图 2-33　奇直线相切的卵形轨道

$\varepsilon=2c\delta$。同时，我们还能注意到，在奇直线左侧有许多包围卵形曲线轨道的开曲线，这些开曲线当 $|g|\to\infty$ 时趋近于奇直线 $x=\dfrac{\varepsilon}{28}$。根据文献［32，42］中给出的相关定理可知，这些开曲线轨道确定了不可数无穷多有界破缺波解族，即紧孤立波解族。我们沿着这些开曲线进行积分计算后得到的紧孤立波解族，如图 2-34b 所示。这表明在一定条件下微结构固体中也可以形成紧孤立波等非光滑孤立波。

　　（2）当 $-2c\delta<\varepsilon<0$ 时，系统（2-81）有两个平衡点，其中点 a_1（0，0）是鞍点，$a_2(c，0)$ 是中心点。此时存在一条包围中心点 a_2（c，0），连接鞍点 a_1（0，0）的同宿轨道（如图 2-35 所示）。当 ε 逐渐趋于 0 时，此同宿轨道逐渐演变成与奇直线相切的一种卵形曲线轨道（如图 2-36 所示）。我们沿此卵形曲线轨道积分可得：

$$u=\frac{4c}{3}\cos^2\left(\frac{\xi}{4\sqrt{\delta}}\right) \tag{2-95}$$

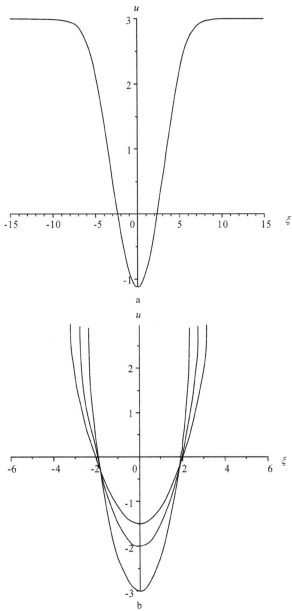

图 2-34 光滑孤立波演变成紧孤立波

a—$c=3$, $\delta=1$, $\varepsilon=8$; b—$c=3$, $\delta=1$, $\varepsilon=6$

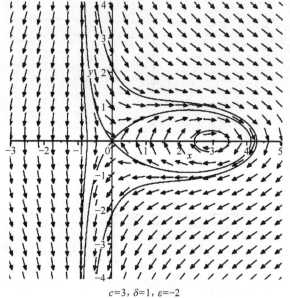

$c=3, \delta=1, \varepsilon=-2$

图 2-35　同宿轨道

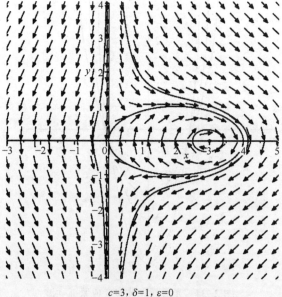

$c=3, \delta=1, \varepsilon=0$

图 2-36　奇直线相切的卵形轨道

解（2-95）表示的是一种精确光滑周期波解，其存在条件为 $\delta >$ 0，$\varepsilon = 0$。同时，我们还能注意到，在奇直线右侧有许多包围卵形曲线轨道的开曲线，这些开曲线轨道对应于无穷多紧孤立波解族。我们沿着这些开曲线进行积分计算后得到的紧孤立波解族，如图 2-37b

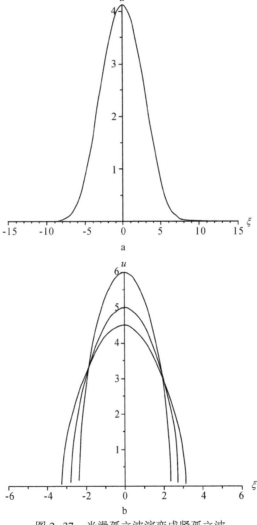

图 2-37 光滑孤立波演变成紧孤立波

a—$c=3$，$\delta=1$，$\varepsilon=-2$；b—$c=3$，$\delta=1$，$\varepsilon=0$

所示。这表明在一定条件下微结构固体中也可以形成紧孤立波等非光滑孤立波。

　　本节研究了微结构固体中光滑孤立波的演变以及非光滑孤立波的存在性问题。先从由自由能函数的基本要求出发，给出了包含宏观应变与微形变的全部二次项以及宏观应变三次项的适合于描述微结构非线性效应较弱的弹性固体的一种新自由能函数。利用此新自由能函数，并根据 Mindline 微结构弹性固体理论，建立了描述微结构固体中一维纵波传播的一种新模型。利用平面动力系统的定性分析理论和分岔理论，证明了一定条件下在微结构固体中的光滑孤立波可以演变形成非光滑孤立波。这也证明了在一定条件下微结构固体中可以形成和存在尖孤立波和紧孤立波等非光滑孤立波。

3

多尺度非线性波模型及孤立波

>>>>>>>>>>>>>>>>>>>

有些固体材料的微结构比较复杂，可在不同尺度上表现出不同的微结构，或在同一尺度上表现出不同性质的微结构，这种固体称为复杂结构固体。对于复杂结构固体的运动与形变的描述，用单一尺度是不够的，需要用多尺度来描述[19~22]。文献［19］中建立了复杂微结构固体的两种多尺度的线性模型。文献［20，21］中建立了复杂微结构固体的两种多尺度非线性模型，但考虑的只是宏观尺度非线性效应，未考虑微尺度非线性效应。本章基于多尺度建模思想，将建立考虑两种微尺度非线性效应的并式微结构非线性波模型和分层式微结构非线性波模型。然后利用动力系统的定性分析理论和分岔理论，证明在一定条件下复杂结构固体中可以存在孤立波并给出孤立波的存在条件。

3.1 并式微结构非线性波模型的建立

复杂结构固体具有两种（或多种）微结构，并且两种微结构互不耦合地并列共存（如图 3-1 所示），这种结构称为并式微结构[19~21]。文献［21］中虽建立了具有两种微结构的并式微结构模型，但只考虑了宏观尺度非线性效应，未考虑微尺度非线性效应。本节我们建立模型时要考虑两种微尺度非线性效应，故自由能函数可表示为两种微形变 φ、ψ 及其导数的三次多项式形式：

$$W = \frac{1}{2}av_x^2 + \frac{1}{3}\beta v_x^3 - A_1\varphi v_x + \frac{1}{2}B_1\varphi^2 + \frac{1}{2}C_1\varphi_x^2 +$$

$$\frac{1}{6}D_1\varphi_x^3 - A_2\psi v_x + \frac{1}{2}B_2\psi^2 + \frac{1}{2}C_2\psi_x^2 + \frac{1}{6}D_2\psi_x^3 \tag{3-1}$$

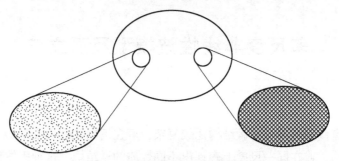

图 3-1　复杂固体的并式微结构

而动能密度 K 可表示为 v_t、φ_t、ψ_t 的二次函数，即：

$$K = \frac{1}{2}(\rho v_t^2 + I_1\varphi_t^2 + I_2\psi_t^2) \tag{3-2}$$

式中，v 表示宏观位移；I_1 和 I_2 表示两种微惯性；a、β、A_1、B_1、C_1、D_1、A_2、B_2、C_2 和 D_2 都是材料常数。根据式（3-1）和式（3-2），计算出拉格朗日函数 $L = K - W$，并在忽略耗散效应的情况下，代入 Euler-Lagrange 方程：

$$\left(\frac{\partial L}{\partial v_t}\right)_t + \left(\frac{\partial L}{\partial v_x}\right)_x - \frac{\partial L}{\partial v} = 0$$

$$\left(\frac{\partial L}{\partial \varphi_t}\right)_t + \left(\frac{\partial L}{\partial \varphi_x}\right)_x - \frac{\partial L}{\partial \varphi} = 0 \tag{3-3}$$

$$\left(\frac{\partial L}{\partial \psi_t}\right)_t + \left(\frac{\partial L}{\partial \psi_x}\right)_x - \frac{\partial L}{\partial \psi} = 0$$

并简化整理可得：

$$\rho v_{tt} = av_{xx} + \beta(v_x^2)_x - A_1\varphi_x - A_2\psi_x$$

$$I_1\varphi_{tt} = C_1\varphi_{xx} + D_1\varphi_x\varphi_{xx} + A_1 v_x - B_1\varphi \tag{3-4}$$

$$I_2\psi_{tt} = C_2\psi_{xx} + D_2\psi_x\psi_{xx} + A_2 v_x - B_2\psi$$

引入几个无量纲变量和无量纲参数：

$$U = v/v_0, \qquad X = x/L, \qquad T = c_0 t/L, \qquad \varepsilon = \frac{v_0}{L}$$

$$C_1 = C_1^* l_1^2, \qquad I_1 = \rho l_1^2 I_1^*, \qquad D_1 = D_1^* l_1^3, \qquad \delta_1 = (l_1/L)^2 \tag{3-5}$$

$$C_2 = C_2^* l_2^2, \qquad I_2 = \rho l_2^2 I_2^*, \qquad D_2 = D_2^* l_2^3, \qquad \delta_2 = (l_2/L)^2$$

式中，v_0 是初始激励的波幅；L 是初始激励的波长；l_1 和 l_2 表示材料的两种特征长度，而常数 $c_0^2 = \dfrac{a}{\rho}$。

利用式（3-5），把方程（3-4）无量纲化为：

$$U_{TT} = \frac{a}{\rho c_0^2} U_{XX} + \frac{\beta \varepsilon}{\rho c_0^2} (U_X^2)_X - \frac{A_1}{\rho c_0^2 \varepsilon} \varphi_X - \frac{A_2}{\rho c_0^2 \varepsilon} \psi_X$$

$$\varphi = \frac{A_1 \varepsilon}{B_1} U_X + \frac{\delta_1}{B_1} (C_1^* \varphi_{XX} - \rho I_1^* c_0^2 \varphi_{TT}) + \frac{D_1^*}{B_1} \delta_1 \sqrt{\delta_1} \varphi_X \varphi_{XX} \tag{3-6}$$

$$\psi = \frac{A_2 \varepsilon}{B_2} U_X + \frac{\delta_2}{B_2} (C_2^* \psi_{XX} - \rho I_2^* c_0^2 \psi_{TT}) + \frac{D_2^*}{B_2} \delta_2 \sqrt{\delta_2} \psi_X \psi_{XX}$$

把 φ、ψ 展开为 $\delta_1^{\frac{1}{2}}$、$\delta_2^{\frac{1}{2}}$ 的幂级数可得：

$$\varphi = \varphi_0 + \delta_1^{\frac{1}{2}} \varphi_1 + \delta_1 \varphi_2 + \delta_1^{\frac{3}{2}} \varphi_3 + \delta_1^2 \varphi_4 + L$$

$$\psi = \psi_0 + \delta_2^{\frac{1}{2}} \psi_1 + \delta_2 \psi_2 + \delta_2^{\frac{3}{2}} \psi_3 + \delta_2^2 \psi_4 + L \tag{3-7}$$

比较式（3-6）中的第二、第三式与式（3-7），可确定 φ_0、φ_1、φ_2、φ_3、φ_4、ψ_0、ψ_1、ψ_2、ψ_3、ψ_4，并利用从属原理可得：

$$\varphi = \frac{A_1 \varepsilon}{B_1} U_X + \frac{A_1 \varepsilon \delta_1}{B_1^2} (C_1^* U_{XXX} - \rho I_1^* c_0^2 U_{XTT}) +$$

$$\frac{A_1^2 \varepsilon^2 D_1^*}{B_1^3} \delta_1 \sqrt{\delta_1} U_{XX} U_{XXX}$$

$$\psi = \frac{A_2 \varepsilon}{B_2} U_X + \frac{A_2 \varepsilon \delta_2}{B_2^2} (C_2^* U_{XXX} - \rho I_2^* c_0^2 U_{XTT}) + \tag{3-8}$$

$$\frac{A_2^2 \varepsilon^2 D_2^*}{B_2^3} \delta_2 \sqrt{\delta_2} U_{XX} U_{XXX}$$

把式（3-8）代入式（3-6）中的第一式可得：

$$U_{TT} - P_1 U_{XX} + P_2 U_{XX} + P_3 U_{XX} - P_4 (U_X^2)_X -$$
$$P_5 U_{XXTT} - P_6 U_{XXTT} + P_7 U_{XXXX} + P_8 U_{XXXX} + \qquad (3-9)$$
$$P_9 (U_{XX}^2)_{XX} + P_{10} (U_{XX}^2)_{XX} = 0$$

式中，$P_1 = a/(\rho c_0^2)$，$P_2 = A_1^2/(B_1 \rho c_0^2)$，$P_3 = A_2^2/(B_1 \rho c_0^2)$，$P_4 = \beta \varepsilon /(\rho c_0^2)$，$P_5 = A_1^2 \delta_1 I_1^*/B_1^2$，$P_6 = A_2^2 \delta_2 I_2^*/B_2^2$，$P_7 = A_1^2 C_1^* \delta_1/(B_1^2 \rho c_0^2)$，$P_8 = A_2^2 C_2^* \delta_2/(B_2^2 \rho c_0^2)$，$P_9 = A_1^3 \varepsilon D_1^* \delta_1 \sqrt{\delta_1}/(2B_1^3 \rho c_0^2)$，$P_{10} = A_2^3 \varepsilon D_2^* \delta_2 \sqrt{\delta_2}/(2B_2^3 \rho c_0^2)$。方程（3-9）是我们建立的描述复杂结构固体中波传播的并式微结构非线性波模型[43]。这里 P_2、P_5、P_7 和 P_9 是与第一微形变有关的各项系数；P_3、P_6、P_8 和 P_{10} 是与第二微形变有关的各项系数。可以看出，两种微结构所产生的各种效应并列出现在模型方程中，这表明它们对波的形成和传播有同等的影响。当 $P_9 = 0$、$P_{10} = 0$ 时，方程（3-9）就可变成文献 [20，21] 所得到的方程。

借助应变 $u = U_X$，把方程（3-9）改写为：

$$u_{TT} - \alpha_1 u_{XX} - \alpha_2 (u^2)_{XX} - \alpha_3 u_{XXTT} +$$
$$\alpha_4 u_{XXXX} + \alpha_5 (u_X^2)_{XXX} = 0 \qquad (3-10)$$

式中，$\alpha_1 = 1 - P_2 - P_3$，$\alpha_2 = P_4$，$\alpha_3 = P_5 + P_6$，$\alpha_4 = P_7 + P_8$，$\alpha_5 = P_9 + P_{10}$。进一步对方程（3-10）作变换：

$$u = \frac{\alpha_1}{\alpha_2} u'，\qquad x' = \sqrt{\frac{1}{\alpha_3}} X，\qquad t' = \sqrt{\frac{\alpha_1}{\alpha_3}} T \qquad (3-11)$$

可得（下式中已把 u'、x'、t' 改写为 u、x、t）：

$$u_{tt} - u_{xx} - (u^2)_{xx} - u_{xxtt} + \beta_1 u_{xxxx} + \beta_2 (u_x^2)_{xxx} = 0 \qquad (3-12)$$

式中，$\beta_1 = \dfrac{\alpha_4}{\alpha_1 \alpha_3}$、$\beta_2 = \dfrac{\alpha_5}{\alpha_2 \alpha_3 \sqrt{\alpha_3}}$ 是与材料常数有关的参数。

3.2 分层式微结构非线性波模型的建立

复杂结构固体除了并式微结构之外，还可有分层式微结构[19~21]。这种结构模型认为固体还可存在两种（或多种）不同尺度的微结构，在第一尺度微结构之中还包含比它更小尺度的另一种微结构，两者以分层的形式存在，其结构示意图如图3-2所示。文献［20，21］中虽建立了具有两种微结构的分层式微结构模型，但只考虑了宏观尺度非线性效应，未考虑微尺度非线性效应。本节我们要建立模型时考虑两种微尺度非线性效应，故自由能函数可表示为两种不同尺度微形变 φ、ψ 及其导数的三次多项式形式，即：

$$W = \frac{1}{2}av_x^2 + \frac{1}{3}\beta v_x^3 - A_1\varphi v_x + \frac{1}{2}B_1\varphi^2 +$$
$$\frac{1}{2}C_1\varphi_x^2 + \frac{1}{6}D_1\varphi_x^3 - A_2\varphi_x\psi + \frac{1}{2}B_2\psi^2 + \qquad (3-13)$$
$$\frac{1}{2}C_2\psi_x^2 + \frac{1}{6}D_2\psi_x^3$$

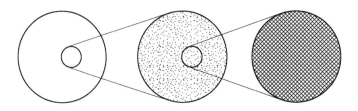

图3-2　复杂固体的分层式微结构

而动能密度 K 表示为 v_t、φ_t、ψ_t 的二次函数形式，即：

$$K = \frac{1}{2}(\rho v_t^2 + I_1\varphi_t^2 + I_2\psi_t^2) \qquad (3-14)$$

上式中各变量和常数的表示含义与上节中的相同。根据自由能函数 W 和动能密度 K 的表达式，计算出拉格朗日函数 $L = K - W$，并在忽略耗散效应的情况下，代入 Euler-Lagrange 方程：

$$\left(\frac{\partial L}{\partial v_t}\right)_t + \left(\frac{\partial L}{\partial v_x}\right)_x - \frac{\partial L}{\partial v} = 0$$
$$\left(\frac{\partial L}{\partial \varphi_t}\right)_t + \left(\frac{\partial L}{\partial \varphi_x}\right)_x - \frac{\partial L}{\partial \varphi} = 0 \qquad (3-15)$$
$$\left(\frac{\partial L}{\partial \psi_t}\right)_t + \left(\frac{\partial L}{\partial \psi_x}\right)_x - \frac{\partial L}{\partial \psi} = 0$$

并进行简化整理可得：

$$\rho v_{tt} = a v_{xx} + (\beta v_x^2)_x - A_1 \varphi_x$$

$$I_1 \varphi_{tt} = C_1 \varphi_{xx} + D_1 \varphi_x \varphi_{xx} - A_2 \psi_x + A_1 v_x - B_1 \varphi \qquad (3\text{-}16)$$

$$I_2 \psi_{tt} = C_2 \psi_{xx} + D_2 \psi_x \psi_{xx} - B_2 \psi + A_2 \varphi_x$$

同样，引入如下无量纲变量和无量纲参数：

$$U = v/v_0, \quad X = x/L, \quad T = c_0 t/L, \quad \varepsilon = \frac{v_0}{L}$$

$$C_1 = C_1^* l_1^2, \quad I_1 = \rho l_1^2 I_1^*, \quad A_1 = l_1 A_1^*, \quad D_1 = D_1^* l_1^3, \quad \delta_1 = (l_1/L)^2$$

$$C_2 = C_2^* l_2^2, \quad I_2 = \rho l_2^2 I_2^*, \quad A_2 = l_2 A_2^*, \quad D_2 = D_2^* l_2^3, \quad \delta_2 = (l_2/L)^2$$

$$(3\text{-}17)$$

式中，v_0 是初始激励的幅度；L 是初始激励的波长；l_1 和 l_2 表示材料的两种特征长度；常数 $c_0^2 = \dfrac{a}{\rho}$。

利用式（3-17），把方程（3-16）改写为：

$$U_{TT} = \frac{a}{\rho c_0^2} U_{XX} + \frac{\beta \varepsilon}{\rho c_0^2} (U_X^2)_X - \frac{A_1}{\rho c_0^2 \varepsilon} \varphi_X$$

$$\varphi = \frac{A_1 \varepsilon}{B_1} U_X - \frac{A_2^* \sqrt{\delta_2}}{B_1} \psi_X + \frac{\delta_1}{B_1} (C_1^* \varphi_{XX} - \rho I_1^* c_0^2 \varphi_{TT}) +$$

$$\frac{D_1^*}{B_1} \delta_1 \sqrt{\delta_1}\, \varphi_X \varphi_{XX} \qquad (3\text{-}18)$$

$$\psi = \frac{A_2^* \sqrt{\delta_2}}{B_2} \varphi_X + \frac{\delta_2}{B_2} (C_2^* \psi_{XX} - \rho I_2^* c_0^2 \psi_{TT}) +$$

$$\frac{D_2^*}{B_2} \delta_2 \sqrt{\delta_2}\, \psi_X \psi_{XX}$$

把 φ、ψ 展开为 $\delta_1^{\frac{1}{2}}$、$\delta_2^{\frac{1}{2}}$ 的幂级数得：

$$\varphi = \varphi_0 + \delta_1^{\frac{1}{2}} \varphi_1 + \delta_1 \varphi_2 + \delta_1^{\frac{3}{2}} \varphi_3 + \delta_1^2 \varphi_4 + L$$

$$\psi = \psi_0 + \delta_2^{\frac{1}{2}} \psi_1 + \delta_2 \psi_2 + \delta_2^{\frac{3}{2}} \psi_3 + \delta_2^2 \psi_4 + L \qquad (3\text{-}19)$$

比较式（3-18）中的第三式与式（3-19）中的第二式，可确定 ψ_0、ψ_1、ψ_2、ψ_3、ψ_4，并利用从属原理可得：

$$\psi = \frac{A_2^* \sqrt{\delta_2}}{B_2}\varphi_X + \frac{A_2^* \sqrt{\delta_2}\delta_2}{B_2^2}(C_2^* \varphi_{XXX} - \rho I_2^* c_0^2 \varphi_{XTT}) + \frac{A_2^{*2} D_2^* \delta_2^2 \sqrt{\delta_2}}{B_2^3}\varphi_{XX}\varphi_{XXX} \tag{3-20}$$

把式（3-20）代入式（3-18）中的第二式，整理可得：

$$\varphi = \frac{A_1 \varepsilon}{B_1}U_X - \frac{A_2^{*2}\delta_2}{B_1 B_2}\varphi_{XX} - \frac{A_2^{*2}\delta_2^2}{B_1 B_2^2}(C_2^* \varphi_{4X} - \rho I_2^* c_0^2 \varphi_{XXTT}) - \frac{A_2^{*3}D_2^*\delta_2^2}{B_1 B_2^3}(\varphi_{XX}\varphi_{XXX})_X + \frac{\delta_1}{B_1}(C_1^* \varphi_{XX} - \rho I_1^* c_0^2 \varphi_{TT}) + \frac{D_1^*}{B_1}\delta_1 \sqrt{\delta_1}\varphi_X \varphi_{XX} \tag{3-21}$$

把式（3-21）与式（3-19）中的第一式比较，可确定 φ_0、φ_1、φ_2、φ_3、φ_4，再利用从属原理可得：

$$\varphi = \frac{A_1 \varepsilon}{B_1}U_X - \frac{A_2^{*2}\delta_2 A_1 \varepsilon}{B_1^2 B_2}U_{XXX} - \frac{A_2^{*2}\delta_2^2 A_1 \varepsilon}{B_1^2 B_2^2}(C_2^* U_{XXXXX} - \rho I_2^* c_0^2 U_{XXXTT}) - \frac{A_2^{*3}D_2^*\delta_2^2 A_1^2 \varepsilon^2}{B_1^2 B_2^3}(U_{XXX}U_{XXXX})_X + \frac{\delta_1 A_1 \varepsilon}{B_1^2}(C_1^* U_{XXX} - \rho I_1^* c_0^2 U_{XTT}) + \frac{D_1^* A_1^2 \varepsilon^2}{B_1^3}\delta_1 \sqrt{\delta_1}U_{XX}U_{XXX} \tag{3-22}$$

把式（3-22）代入式（3-18）中的第一式，可得：

$$U_{TT} - \frac{a}{\rho c_0^2}U_{XX} - \frac{\beta \varepsilon}{\rho c_0^2}(U_X^2)_X + \frac{A_1^2}{B_1 \rho c_0^2}U_{XX} + \frac{A_1^2 \delta_1 C_1^*}{B_1^2 \rho c_0^2}U_{4X} - \frac{A_1^2}{B_1^2 \rho c_0^2}\frac{A_2^* \delta_2}{B_2}U_{4X} - \frac{A_1^2 \rho I_1^* \varepsilon^2}{B_1^2 \rho c_0^2}U_{XXTT} + \frac{A_1^3 \varepsilon D_1^* \delta_1 \sqrt{\delta_1}}{2B_1^3 \rho c_0^2}(U_{XX}^2)_{XX} - \frac{A_1^2 A_2^{*2}\delta_2^2}{B_1^2 B_2^2 \rho c_0^2}(C_2^* U_{6X} - \rho I_2^* c_0^2 U_{4XTT}) - \frac{A_1^3 A_2^{*3}\varepsilon D_2^* \delta_2^3}{2B_1^3 B_2^3 \rho c_0^2}(U_{XXX}^2)_{XXX} = 0$$

$$\tag{3-23}$$

上式可写为：

$$U_{TT} - F_1 U_{XX} - F_2(U_X^2)_X + F_3 U_{XX} + F_4 U_{4X} - F_5 U_{4X} - F_6 U_{XXTT} +$$

$$F_7(U_{XX}^2)_{XX} - F_8 U_{6X} + F_9 U_{4XTT} - F_{10}(U_{XXX}^2)_{XXX} = 0 \quad (3\text{-}24)$$

式中，$F_1 = \dfrac{a}{\rho c_0^2}$，$F_2 = \dfrac{\beta \varepsilon}{\rho c_0^2}$，$F_3 = \dfrac{A_1^2}{B_1 \rho c_0^2}$，$F_4 = \dfrac{A_1^2 \delta_1 C_1^*}{B_1^2 \rho c_0^2}$，$F_5 = \dfrac{A_1^2 A_2^* \delta_2}{B_1^2 B_2 \rho c_0^2}$，

$F_6 = \dfrac{A_1^2 I_1^* \varepsilon^2}{B_1^2 c_0^2}$，$F_7 = \dfrac{A_1^3 D_1^* \delta_1 \sqrt{\delta_1}\, \varepsilon}{2 B_1^3 \rho c_0^2}$，$F_8 = \dfrac{A_1^2 A_2^{*2} \delta_2^2 C_2^*}{B_1^2 B_2^2 \rho c_0^2}$，$F_9 = \dfrac{A_1^2 A_2^{*2} \delta_2^2 I_2^*}{B_1^2 B_2^2}$，

$F_{10} = \dfrac{A_1^3 A_2^{*3} D_2^* \delta_2^3 \varepsilon}{2 B_1^3 B_2^3 \rho c_0^2}$。方程（3-24）是本节建立的微结构固体的分层式
微结构非线性波模型。其中 F_1 为宏观尺度下出现的线性项系数；F_2
为宏观尺度下出现的非线性项系数；F_3、F_4、F_6 是在第一层微尺度
下出现的线性项系数；F_7 是在第一层微尺度下出现的非线性项系数，
此项反映了微结构固体的微尺度非线性效应；F_5、F_8、F_9 是在第二
层微尺度下出现的线性项系数；F_{10} 是在第二层微尺度下出现的非线
性项系数，此项也反映了微结构固体的微尺度非线性效应。借助应变
$u = U_X$，把方程（3-24）改写为（下式中已把 X、T 改写为 x、t）：

$$u_{TT} - \alpha_1 u_{xx} + \alpha_2(u^2)_{xx} + \alpha_3 u_{4x} + \alpha_4 u_{xxTT} +$$

$$\alpha_5(u_x^2)_{xxx} + \alpha_6 u_{6x} + \alpha_7 u_{4xTT} + \alpha_8(u_{xx}^2)_{xxxx} = 0 \quad (3\text{-}25)$$

式中，$\alpha_1 = F_1 - F_3$，$\alpha_2 = -F_2$，$\alpha_3 = F_4 - F_5$，$\alpha_4 = -F_6$，$\alpha_5 = F_7$，$\alpha_6 = -F_8$，$\alpha_7 = F_9$，$\alpha_8 = -F_{10}$。

3.3 复杂微结构固体中孤立波的存在性

上节得到的复杂结构固体的并式微结构非线性波模型（3-12）
中，如果忽略微尺度非线性效应，即 $\beta_2 = 0$ 时，可求得该模型方程的
一种精确孤立波解：

$$u = A_0 + A \cdot \mathrm{sech}^2[B(x - Vt)] \quad (3\text{-}26)$$

式中，$A = \dfrac{3}{2}(V^2 - 1) - 3A_0$，$B = \sqrt{\dfrac{V^2 - 1 - 2A_0}{4(V^2 - \beta_1)}}$，$V$ 是任意波速，A_0 是任
意常数。但由于方程（3-12）中微尺度非线性项 $\beta_2(u_x^2)_{xxx}$ 的出现，

很难求得其精确孤立波解。因此，用动力系统的定性分析方法来分析微结构固体中能否存在孤立波的问题。

对方程（3-12）进行行波约化，即 $\xi = x - Vt$，$u = u(\xi)$，并进行两次积分得：

$$(V^2 - 1)u - u^2 - (V^2 - \beta_1)u_{\xi\xi} + 2\beta_2 u_\xi u_{\xi\xi} = g \qquad (3-27)$$

式中，g 为积分常数。令 $u = x$、$u_\xi = y$，可把式（3-27）改写为：

$$\begin{cases} \dfrac{\mathrm{d}x}{\mathrm{d}\xi} = y \\[3mm] \dfrac{\mathrm{d}y}{\mathrm{d}\xi} = \dfrac{(V^2 - 1)x - x^2 - g}{(V^2 - \beta_1) - 2\beta_2 y} \end{cases} \qquad (3-28)$$

平面系统（3-28）有一条奇直线：

$$y = \frac{V^2 - \beta_1}{2\beta_2} \qquad (3-29)$$

为取消此奇直线，可做变换：

$$\mathrm{d}\xi = [(V^2 - \beta_1) - 2\beta_2 y]\mathrm{d}\tau \qquad (3-30)$$

则系统（3-28）变成平面 Hamilton 系统：

$$\begin{cases} \dfrac{\mathrm{d}x}{\mathrm{d}\tau} = (V^2 - \beta_1)y - 2\beta_2 y^2 \\[3mm] \dfrac{\mathrm{d}y}{\mathrm{d}\tau} = (V^2 - 1)x - x^2 - g \end{cases} \qquad (3-31)$$

由平面动力系统的定性分析理论可知，在拓扑意义下，除了奇直线外系统（3-31）和式（3-28）有相同的相图。因此，通过对系统（3-31）的相图分析，可得知系统（3-28）的相图分布。

分析可知，系统（3-31）有首次积分：

$$\begin{aligned} H(x, y) = {} & \frac{1}{2}(V^2 - \beta_1)y^2 - \frac{2}{3}\beta_2 y^3 - \\ & \frac{1}{2}(V^2 - 1)x^2 + \frac{1}{3}x^3 + gx = h \end{aligned} \qquad (3-32)$$

式中，h 为任意常数，h 取不同值时式（3-32）可表示不同的相轨线。当 $(V^2 - 1)^2 - 4g > 0$ 时，系统（3-31）在相平面上有四个平衡点：

$$a_1\left(\frac{(V^2-1)-\sqrt{(V^2-1)^2-4g}}{2},\ 0\right),$$

$$a_2\left(\frac{(V^2-1)+\sqrt{(V^2-1)^2-4g}}{2},\ 0\right),$$

$$b_1\left(\frac{(V^2-1)-\sqrt{(V^2-1)^2-4g}}{2},\ \frac{V^2-\beta_1}{2\beta_2}\right),$$

$$b_2\left(\frac{(V^2-1)+\sqrt{(V^2-1)^2-4g}}{2},\ \frac{V^2-\beta_1}{2\beta_2}\right)$$

各平衡点处的雅克比行列式为：

$$
\begin{aligned}
J(a_1) &= -(V^2-\beta_1)(\sqrt{(V^2-1)^2-4g}),\\
J(a_2) &= (V^2-\beta_1)(\sqrt{(V^2-1)^2-4g}),\\
J(b_1) &= (V^2-\beta_1)(\sqrt{(V^2-1)^2-4g}),\\
J(b_2) &= -(V^2-\beta_1)(\sqrt{(V^2-1)^2-4g})
\end{aligned}
\tag{3-33}
$$

再根据分岔理论[9,10]计算可知，在参数平面 (g, V) 上系统有一条分岔曲线，即 $g=\frac{1}{4}(V^2-1)^2$。此曲线把参数平面分为区域 I：$g<\frac{1}{4}(V^2-1)^2$，区域 II：$g=\frac{1}{4}(V^2-1)^2$，区域 III：$g>\frac{1}{4}(V^2-1)^2$ 等三个区域。下面的讨论，仅限于正常频散（即 $\beta_1<1$）的情况，反常频散（即 $\beta_1>1$）的情况可类似地讨论。

情况 1　当 $g<\frac{1}{4}(V^2-1)^2$、$V^2<\beta_1$ 时，系统有四个平衡点，根据定性分析理论可知，a_2 和 b_1 是鞍点，a_1 和 b_2 是中心点。此时相平面上存在一个从鞍点 a_2 出发，围绕中心点 a_1，最终又回到鞍点 a_2 的同宿轨道（如图3-3所示）。该同宿轨道不被奇直线分割，可无限接近于奇直线上的另一个鞍点 b_1。为求得该同宿轨道存在时的参数 β_2 的极限值，可假设该同宿轨道通过鞍点 b_1，则应有 $H(a_2)=H(b_1)$。利用此关系计算可得：

$$\beta_2 = m\frac{1}{2}\frac{(\beta_1-V^2)^{\frac{3}{2}}}{[(V^2-1)^2-4g]^{\frac{3}{4}}} \tag{3-34}$$

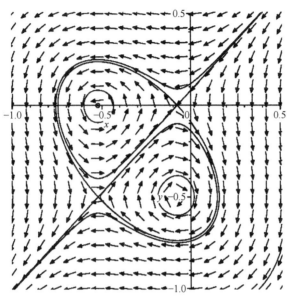

图 3-3 系统（3-31）的相图

（参数取为：$\beta_1 = 0.8$，$\beta_2 = 0.4$，$V = \sqrt{0.4}$，$g = 0.04$）

由动力系统的同宿轨道与偏微分方程的孤立波解之间的对应关系可知，此同宿轨道应对应于方程式（3-12）的孤立波解。由此可得到如下定理：

定理 3.1 当 $g < \dfrac{1}{4}(V^2-1)^2$、$V^2 < \beta_1$、$-\dfrac{1}{2}\dfrac{(\beta_1-V^2)^{\frac{3}{2}}}{\left[(V^2-1)^2-4g\right]^{\frac{3}{4}}} < \beta_2 < \dfrac{1}{2}\dfrac{(\beta_1-V^2)^{\frac{3}{2}}}{\left[(V^2-1)^2-4g\right]^{\frac{3}{4}}}$ 时，在复杂微结构固体中可以存在一种非对称的反钟型孤立波。为验证此结果，用数值方法绘制方程（3-12）的孤立波解，并与无微尺度非线性效应时形成的孤立波解（3-26）进行了比较（如图 3-4 所示）。由图可以看出，在定理 3.1 的条件下复杂微结构固体中确实能够存在一种非对称的反钟型孤立波，微尺度非线性效应越强，孤立波的非对称特性就越明显。

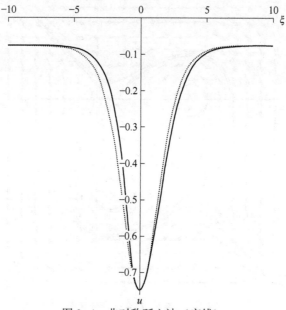

图 3-4 非对称孤立波（实线）

（参数取为：$\beta_1 = 0.8$，$\beta_2 = 0.4$，$V = \sqrt{0.4}$，$g = 0.04$）

情况 2 当 $g < \dfrac{1}{4}(V^2 - 1)^2$、$V^2 > \beta_1$ 时，分析可知系统有四个平衡点，其中 a_1 和 b_2 是鞍点，a_2 和 b_1 是中心点。此时，相平面上存在一个从鞍点 a_1 出发，围绕中心点 a_2，最终又回到鞍点 a_1 的同宿轨道（如图 3-5 所示）。该同宿轨道不被奇直线分割，可无限接近于奇直线上的另一个鞍点 b_2。假设在极限情况下可通过此鞍点，则应有 $H(a_1) = H(b_2)$，由此式计算可得：

$$\beta_2 = \pm \frac{1}{2} \frac{(V^2 - \beta_1)^{\frac{3}{2}}}{\left[(V^2 - 1)^2 - 4g \right]^{\frac{3}{4}}} \tag{3-35}$$

这是同宿轨道存在时参数 β_2 的极限值。因此，根据动力系统的同宿轨道与偏微分方程的孤立波解之间的对应关系，可得如下定理。

定理 3.2 当 $g < \dfrac{1}{4}(V^2 - 1)^2$、$V^2 > \beta_1$、$-\dfrac{1}{2} \dfrac{(V^2 - \beta_1)^{\frac{3}{2}}}{\left[(V^2 - 1)^2 - 4g \right]^{\frac{3}{4}}} < \beta_2 <$

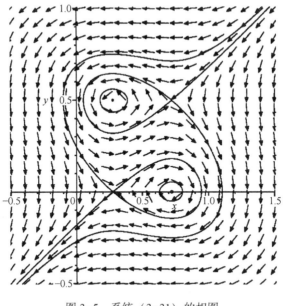

图 3-5　系统 (3-31) 的相图

(参数取为：$\beta_1 = 0.8$，$\beta_2 = 1.2$，$V = \sqrt{2}$，$g = 0.2$)

$\dfrac{1}{2}\dfrac{(V^2 - \beta_1)^{\frac{3}{2}}}{[(V^2 - 1)^2 - 4g]^{\frac{3}{4}}}$ 时，在复杂微结构固体中可以存在一种非对称的钟型孤立波。用数值方法绘制非对称孤立波并与孤立波解 (3-26) 进行了比较（如图 3-6 所示）。从图中可以看出，在定理 3.2 的条件下复杂微结构固体中确实能够存在一种非对称的钟型孤立波，两种微尺度非线性效应同时影响着孤立波的对称特性。

情况 3　当 $g = \dfrac{1}{4}(V^2 - 1)^2$ 时，系统有两个平衡点 $a\left(\dfrac{V^2 - 1}{2},\ 0\right)$ 和 $b\left(\dfrac{V^2 - 1}{2},\ \dfrac{V^2 - \beta_1}{2\beta_2}\right)$。因两个平衡点处的雅克比行列式为 $J(a) = 0$、$J(b) = 0$，由定性分析理论可知，两个平衡点均为尖点（如图 3-7 所示）。此时，在相平面内不存在同（异）宿轨道，故复杂结构固体中不可能存在孤立波。

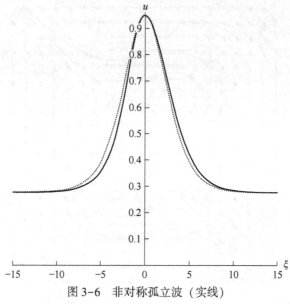

图 3-6　非对称孤立波（实线）

（参数取为：$\beta_1 = 0.8$，$\beta_2 = 1.2$，$V = \sqrt{2}$，$g = 0.2$）

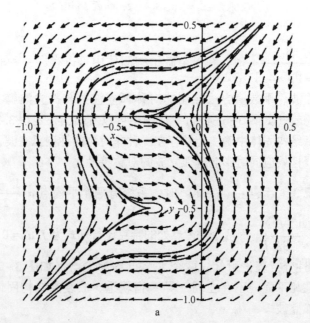

a

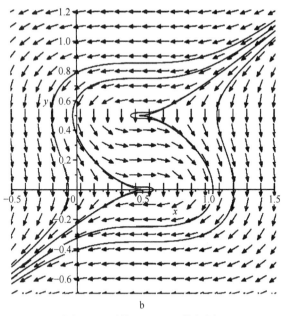

b

图 3-7 系统 （3-31） 的相图

a—$\beta_1 = 0.8$, $\beta_2 = 0.4$, $V = \sqrt{0.4}$, $g = 0.09$; b—$\beta_1 = 0.8$, $\beta_2 = 1.2$, $V = \sqrt{2}$, $g = 0.25$

情况 4 当 $g > \dfrac{1}{4}(V^2 - 1)^2$ 时，系统在实平面内无平衡点，故不做讨论。

情况 5 当 $g = 0$ 时系统 （3-31） 实质上变成与第 2 章讨论过的系统相同，故可以完全类似地讨论，这里不再重复。

对于分层式微结构非线性模型方程 （3-24） 来讲，由于它包含宏观尺度非线性项，第一层和第二层微尺度非线性项以及六阶导数项和混合导数项等很多复杂项，导致该模型的研究变得非常困难。目前，对高维非线性动力系统的定性分析研究具有很大的困难，困难不仅在理论方法上，而且还有空间几何描述和数值计算方面[44]。因此，我们必须对模型方程 （3-24） 进行合理的简化处理。我们注意到，前面引入的几何参数，δ_1 表示第一层微结构的特征长度与波长之比，δ_2 表示第二层微结构的特征长度与波长之比，δ_1、δ_2 趋近于 1 表示微尺度效应比较明显，δ_1、δ_2 小于 1 表示微尺度效应较弱，一般情况下 $\delta_1 < 1$、$\delta_2 < 1$ 并且应有 $\delta_2 < \delta_1$；另一几何参数 ε 表示位移幅值与波长之比，在位移幅值很小的情况下它应该满足 $\varepsilon \ll 1$，所以 δ_1、δ_2 和 ε 都是小参数，并且 $\delta_2 < \delta_1$。另外，我们分析方程（3-24）中的各项系数可知：$F_2 \sim \varepsilon$，$F_4 \sim \delta_1$，$F_5 \sim \delta_2$，$F_6 \sim \varepsilon^2$，$F_7 \sim \varepsilon\delta_1^{\frac{3}{2}}$，$F_8 \sim \delta_2^2$，$F_9 \sim \delta_2^2$，$F_{10} \sim \varepsilon\delta_2^3$。由此可见，相比之下 F_{10} 是最小，其次是 F_7、F_8、F_9 等。因此，我们可利用小参数 ε、δ_1、δ_2 以及系数之间的数量级关系，可以对模型方程（3-24）进行合理的简化。为此，作移动坐标变换：

$$U = f(\xi, \tau), \quad \xi = X - VT, \quad \tau = \frac{\varepsilon}{2}T \tag{3-36}$$

式中，ξ 和 τ 是引入的新变量；V 是移动坐标速度。把变换式（3-36）代入方程（3-24），并在小参数之间满足 $\varepsilon \sim \delta_1$、$\delta_2 < \delta_1$、$\delta_2 < \varepsilon$ 的假设条件下，简化方程（3-24）可得：

$$V\varepsilon f_{\tau,\,\xi} - F_1 F_3 f_{6\xi} + F_{10}(f_{\xi\xi\xi}^2)_{\xi\xi\xi} - F_2(f_\xi^2)_\xi +$$
$$F_3 F_9 f_{6\xi} - F_7(f_{\xi\xi}^2)_{\xi\xi} - F_4 f_{4\xi} + F_5 f_{4\xi} + F_8 f_{6\xi} = 0 \tag{3-37}$$

式中，$V = \sqrt{F_1 - F_3}$。考虑到 $F_{10} \sim \varepsilon\delta_2^3$，并令 $f_\xi = u$ 可得（下式中 ξ 和 τ 已改写为 x 和 t）：

$$u_t - \alpha_1(u^2)_x - \alpha_2 u_{3x} + \alpha_3 u_{5x} - \alpha_4(u_x^2)_{xx} = 0 \tag{3-38}$$

式中，$\alpha_1 = F_2/V\varepsilon$，$\alpha_2 = (F_4 - F_5)/V\varepsilon$，$\alpha_3 = [F_9(F_3 - F_1) + F_8]/V\varepsilon$，$\alpha_4 = F_7/V\varepsilon$。简化得到的方程（3-38）是一种五阶 KdV 类方程，因为当无微尺度非线性效应（即 $\alpha_4 = 0$）时，此方程就变成五阶 KdV 方程。下面讨论方程（3-38）的孤立波解及其传播特性。当 $\alpha_4 = 0$ 时，方程（3-38）变成如下五阶 KdV 方程：

$$u_t - \alpha_1(u^2)_x - \alpha_2 u_{3x} + \alpha_3 u_{5x} = 0 \tag{3-39}$$

利用非线性波方程的待定系数法，求解方程（3-39）可得：

$$u_1(x,\,t) = A_0 + A_1\tanh[(kx - \omega t) + \varphi_0]^2 +$$
$$A_2\tanh[(kx - \omega t) + \varphi_0]^4 \tag{3-40}$$

式中，$A_0 = \dfrac{69\alpha_2^2}{338\alpha_1\alpha_3} - \dfrac{\omega\sqrt{13\alpha_3}}{\alpha_1\sqrt{\alpha_2}}$，$A_1 = -\dfrac{105\alpha_2^2}{169\alpha_1\alpha_3}$，$A_2 = \dfrac{105\alpha_2^2}{338\alpha_1\alpha_3}$，$k =$

$\dfrac{1}{26}\sqrt{\dfrac{13\alpha_2}{\alpha_3}}$。

$$u_2(x,\ t)=A_0+A_1\tanh[\,(kx+\omega t)+\varphi_0\,]^2+$$
$$A_2\tanh[\,(kx+\omega t)+\varphi_0\,]^4 \tag{3-41}$$

式中，$A_0=\dfrac{69\alpha_2^2}{338\alpha_1\alpha_3}+\dfrac{\omega\sqrt{13\alpha_3}}{\alpha_1\sqrt{\alpha_2}}$，$A_1=-\dfrac{105\alpha_2^2}{169\alpha_1\alpha_3}$，$A_2=\dfrac{105\alpha_2^2}{338\alpha_1\alpha_3}$，$k=$

$\dfrac{1}{26}\sqrt{\dfrac{13\alpha_2}{\alpha_3}}$。

$$u_3(x,\ t)=A_0+A_1\tanh[\,(kx+\omega t)+\varphi_0\,]^2+$$
$$A_2\tanh[\,(kx+\omega t)+\varphi_0\,]^4 \tag{3-42}$$

式中，$A_0=-\dfrac{1}{b\alpha_1\alpha_3(3I\sqrt{31}+21)}\Big[\dfrac{759}{549250}b^3\alpha_2\alpha_3-130\alpha_3\omega(3I\sqrt{31}+31)+$

$\dfrac{5673}{845}b\alpha_2^2+1300\alpha_3\omega\Big]$，$b=260k$，$A_1=-\dfrac{7\alpha_2^2}{1690\alpha_1\alpha_3}(39I\sqrt{31}+93)$，$A_2=$

$\dfrac{651\alpha_2^2}{13520\alpha_1\alpha_3}(3I\sqrt{31}+11)$，$k=\dfrac{1}{260}\sqrt{\dfrac{65\alpha_2(3I\sqrt{31}+31)}{\alpha_3}}$。

$$u_4(x,\ t)=A_0+A_1\tanh[\,(kx-\omega t)+\varphi_0\,]^2+$$
$$A_2\tanh[\,(kx-\omega t)+\varphi_0\,]^4 \tag{3-43}$$

式中，$A_0=-\dfrac{1}{b\alpha_1\alpha_3(3I\sqrt{31}+21)}\Big[\dfrac{759}{549250}b^3\alpha_2\alpha_3+130\alpha_3\omega(3I\sqrt{31}+31)+$

$\dfrac{5673}{845}b\alpha_2^2-1300\alpha_3\omega\Big]$，$b=260k$，$A_1=-\dfrac{7\alpha_2^2}{1690\alpha_1\alpha_3}(39I\sqrt{31}+93)$，$A_2=$

$\dfrac{651\alpha_2^2}{13520\alpha_1\alpha_3}(3I\sqrt{31}+11)$，$k=\dfrac{1}{260}\sqrt{\dfrac{65\alpha_2(3I\sqrt{31}+31)}{\alpha_3}}$。

$$u_5(x,\ t)=A_0+A_1\tanh[\,(kx-\omega t)+\varphi_0\,]^2+$$
$$A_2\tanh[\,(kx-\omega t)+\varphi_0\,]^4 \tag{3-44}$$

式中，$A_0=-\dfrac{1}{b\alpha_1\alpha_3(3I\sqrt{31}-21)}\Big[\dfrac{759}{549250}b^3\alpha_2\alpha_3-130\alpha_3\omega(3I\sqrt{31}-31)+$

$$\frac{5673}{845}b\alpha_2^2 - 1300\alpha_3\omega\bigg],\ b=260k,\ A_1=\frac{7\alpha_2^2}{1690\alpha_1\alpha_3}(39I\sqrt{31}-93),\ A_2=$$

$$-\frac{651\alpha_2^2}{13520\alpha_1\alpha_3}(3I\sqrt{31}-11),\ k=\frac{1}{260}\sqrt{\frac{65\alpha_2(3I\sqrt{31}-31)}{\alpha_3}}\,。$$

$$u_6(x,\ t)=A_0+A_1\tanh\big[(kx+\omega t)+\varphi_0\big]^2+ \atop A_2\tanh\big[(kx+\omega t)+\varphi_0\big]^4 \tag{3-45}$$

式中，$A_0=-\dfrac{1}{b\alpha_1\alpha_3(3I\sqrt{31}-21)}\bigg[\dfrac{759}{549250}b^3\alpha_2\alpha_3+130\alpha_3\omega(3I\sqrt{31}-31)+$

$$\frac{5673}{845}b\alpha_2^2+1300\alpha_3\omega\bigg],\ b=260k,\ A_1=\frac{7\alpha_2^2}{1690\alpha_1\alpha_3}(39I\sqrt{31}-93),\ A_2=$$

$$-\frac{651\alpha_2^2}{13520\alpha_1\alpha_3}(3I\sqrt{31}-11),\ k=\frac{1}{260}\sqrt{\frac{65\alpha_2(3I\sqrt{31}-31)}{\alpha_3}}\,。$$

在上述六种解中，解（3-40）和（3-41）在 α_2 和 α_3 同号的条件下是实数解，而解（3-42）~（3-45）是复数解。在实际应用中我们一般选用实数解，当 $\alpha_1=1200$，$\alpha_2=88$，$\alpha_3=1$，$\omega=-\dfrac{18\sqrt{13}}{2197}$

$\dfrac{\alpha_2^2\sqrt{\alpha_2\alpha_3}}{\alpha_3^2}$ 时绘制的解（3-40）的图像如图 3-8 所示。从图 3-8 中可以看出，此解表示的是一种向左传播的钟型孤立波。这表明，在无微尺度非线性效应的情况下在微结构固体可以存在一种钟型孤立波。

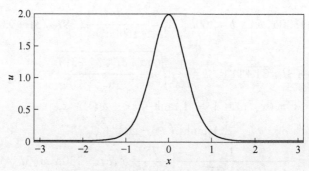

图 3-8　无微尺度非线性效应时的孤立波

当固体具有微尺度非线性效应,即 $\alpha_4 \neq 0$ 时,我们不能求出方程(3-38)的精确孤立波解。为此,以图 3-8 所示的孤立波作为初始条件,采用周期性边界条件并利用积分因子方法(第 5 章介绍),模拟孤立波在分层式微结构固体中的传播特性。模拟时选用的材料常数为

$$\alpha_1 = 1200, \quad \alpha_2 = 88, \quad \alpha_3 = 1, \quad \omega = -\frac{18\sqrt{13}}{2197} \frac{\alpha_2^2 \sqrt{\alpha_2 \alpha_3}}{\alpha_3^2}$$。图 3-9 中显示的

是 $t = 0.0045$ 时刻在微尺度非线性效应较弱($\alpha_4 = 0.5$)的微结构固体中传播的孤立波的波形图。由图 3-9 可以看出,随着时间的推移,初始时刻的孤立波(图 3-8)缓慢变形并产生了一些偏差。但在弱微尺度非线性效应下所产生的偏差很小,即孤立波能够较长时间内基本保持波形和传播速度在微结构固体中的传播。图 3-10 中显示的是微结构固体中传播的孤立波与初始波形的偏差度。从偏差图上也看到孤立波的波形变化很小,反映弱微尺度非线性效应对孤立波的影响很小。图 3-11 中显示的是 $t = 0.0045$ 时刻在微尺度非线性效应较强($\alpha_4 = 2$)的微结构固体中传播的孤立波的波形图。由图 3-11 可以看出,在较强微尺度非线性效应下孤立波的变形比较明显,其传播速度也发生了小的变化并出现了一些小的波尾。从偏差图 3-12 上也能明显看到孤立波的波形变化较明显,且孤立波左右两侧的变化程度不同,即孤立波出现了一些非对称特性。这表明在较强微尺度非线性效应的影响下孤立波变形明显并呈现一些非对称特性。

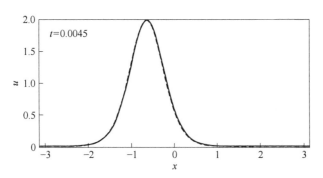

图 3-9　弱微尺度非线性效应下的孤立波(虚线)

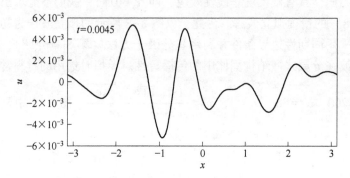

图 3-10　孤立波与初始波形的偏差

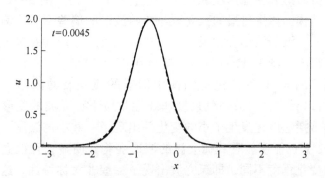

图 3-11　强微尺度非线性效应下的孤立波（虚线）

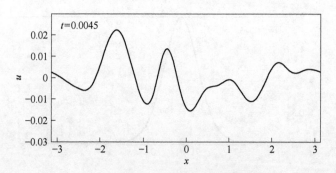

图 3-12　孤立波与初始波形的偏差

3.4 本章小结

本章在第 2 章的基础上，把复杂结构固体看作具有两种不同性质的微结构并考虑两种微尺度非线性效应，建立了描述复杂结构固体运动的并式微结构非线性模型和分层式微结构非线性模型。基于并式微结构非线性模型，利用平面动力系统的定性分析理论和分岔理论，证明了一定条件下在并式微结构固体中可以存在一种非对称孤立波并给出了此孤立波的存在条件。分析表明：两种微尺度非线性效应同时影响孤立波的对称特性，微尺度非线性效应越强，孤立波的非对称特性越明显，同时进行的数值研究进一步验证了上述结果。对于分层式微结构非线性模型来讲，由于它太过于复杂并可导致高维非线性动力系统，所以用动力系统的定性分析方法来研究具有很大的困难。为此，我们采用一种移动坐标变换，把复杂非线性波模型进行合理简化并得到了一种五阶 KdV 类方程。先利用精确求解方法给出了特殊条件下的精确孤立波解，随后利用数值模拟方法给出了在分层式微结构固体中孤立波传播的模拟图像。研究结果显示在微尺度非线性效应较强的分层式微结构固体中孤立波明显变形并呈现一些非对称特性。

二维非线性波模型及孤立波

前面章节里研究和讨论过的问题都是一维问题。一维问题一般来讲都是比较理想化的问题，研究起来相对简单。然而，实际的问题一般都是二维及以上的高维问题，因此我们更需要研究二维及以上的高维问题。在文献〔23〕中，Sertakov 等建立了 Mindlin 型微结构固体的二维非线性波模型，并借助于该模型用数值方法研究了二维微结构固体中波传播问题。本章首先介绍建立二维非线性波模型的工作，然后利用行波变换把复杂的非线性偏微分方程组简化为一非线性常微分方程。最后还利用相图分析方法和数值方法对孤立波的存在性进行分析和验证。

4.1　二维非线性波模型的建立

依据 Sertakov 等的研究工作[23]，建立含微结构的二维固体中波传播模型，应基于两个向量场，即宏观位移向量场和微形变向量场，其具体表达式为：

$$\begin{cases} \boldsymbol{U}(x,\ y,\ t) = u(x,\ y,\ t)\boldsymbol{i} + v(x,\ y,\ t)\boldsymbol{j} \\ \boldsymbol{\Theta}(x,\ y,\ t) = \psi(x,\ y,\ t)\boldsymbol{i} + \varphi(x,\ y,\ t)\boldsymbol{j} \end{cases} \tag{4-1}$$

式中　$x,\ y$——空间坐标；

　　　　t——时间。

在建立模型时对问题进行了简化，即只考虑正应变，而忽略微观层面上的剪切应变，并假设微形变场的两个分量都很小。根据

Mindlin 微结构理论，二维微结构固体的运动方程为：

$$\begin{cases} \rho \boldsymbol{U}_{tt} = \nabla \cdot \boldsymbol{\sigma} + \boldsymbol{b} \\ I\boldsymbol{\Theta}_{tt} = \nabla \cdot \boldsymbol{\eta} + \boldsymbol{\tau} \end{cases} \tag{4-2}$$

式中　$\boldsymbol{U}_{tt}$——宏观位移；

　　　$\boldsymbol{\sigma}$——宏观应力；

　　　$\boldsymbol{b}$——外部体力；

　　　$\boldsymbol{\Theta}_{tt}$——微形变；

　　　$\boldsymbol{\eta}$——微观应力；

　　　$\boldsymbol{\tau}$——相互作用力；

　　　ρ, I——分别为宏观质量密度和微惯性。

在二维情况下这些量可分别表示为：

$$\boldsymbol{\sigma} = \begin{pmatrix} \dfrac{\partial W}{\partial u_x} & \dfrac{\partial W}{\partial u_y} \\ \dfrac{\partial W}{\partial v_x} & \dfrac{\partial W}{\partial v_y} \end{pmatrix}, \quad \boldsymbol{b} = \begin{pmatrix} -\dfrac{\partial W}{\partial u} \\ -\dfrac{\partial W}{\partial v} \end{pmatrix},$$

$$\boldsymbol{\eta} = \begin{pmatrix} \dfrac{\partial W}{\partial \psi_x} & \dfrac{\partial W}{\partial \psi_y} \\ \dfrac{\partial W}{\partial \varphi_x} & \dfrac{\partial W}{\partial \varphi_y} \end{pmatrix}, \quad \boldsymbol{\tau} = \begin{pmatrix} -\dfrac{\partial W}{\partial \psi} \\ -\dfrac{\partial W}{\partial \varphi} \end{pmatrix} \tag{4-3}$$

式（4-3）中，自由能（应变能）函数 W 可表示为宏观位移分量 u、v 的局部空间导数和微形变分量 ψ、φ 以及它们的一阶导数的多项式形式，即：

$$\begin{aligned} W = &\frac{1}{2}(A_1 u_x^2 + A_2 u_y^2 + A_3 \psi_x^2 + A_4 \psi_y^2 + A_5 \psi^2) + \\ &\frac{1}{2}(B_1 v_x^2 + B_2 v_y^2 + B_3 \varphi_x^2 + B_4 \varphi_y^2 + B_5 \varphi^2) + \\ &\frac{1}{2}[C_1(u_x v_y + v_x u_y) + C_2(\psi_x \varphi_y + \varphi_x \psi_y)] + \\ &A_6 u_x \psi + A_7 u_y \varphi + B_6 v_x \varphi + B_7 v_y \psi + \frac{1}{6}(D_1 u_x^3 + D_2 \psi_x^3) \end{aligned} \tag{4-4}$$

把式（4-4）代入式（4-3），再把结果代入运动方程（4-2）可得：

$$\begin{cases} \rho u_{tt} = A_1 u_{xx} + A_2 u_{yy} + C_1 v_{xy} + A_6 \psi_x + \\ \qquad A_7 \varphi_y + \dfrac{D_1}{2}(u_x^2)_x \\ \rho v_{tt} = B_1 v_{xx} + B_2 v_{yy} + C_1 u_{xy} + B_6 \varphi_x + B_7 \psi_y \\ I \psi_{tt} = A_3 \psi_{xx} + A_4 \psi_{yy} + C_2 \varphi_{xy} - A_6 u_x - \\ \qquad B_7 v_y - A_5 \psi + \dfrac{D_2}{2}(\psi_x^2)_x \\ I \varphi_{tt} = B_3 \varphi_{xx} + B_4 \varphi_{yy} + C_2 \psi_{xy} - B_6 v_x - A_7 u_y - B_5 \varphi, \end{cases} \tag{4-5}$$

为把系统（4-5）无量纲化，引入一些无量纲变量和参数：

$$I = I^* \rho l^2, \qquad A_3 = A_3^* l^2, \qquad A_4 = A_4^* l^2,$$

$$B_3 = B_3^* l^2, \qquad B_4 = B_4^* l^2, \qquad D_2 = D_2^* l^3,$$

$$C_2 = C_2^* l^2 x = LX, \qquad y = LY, \qquad u = LU, \tag{4-6}$$

$$v = LV, \qquad t = \frac{LT}{c_0}, \qquad \delta = \frac{l^2}{L^2}$$

式中　L——初始激励的波长；

　　　l——材料的特征长度；

　　　c_0——速度常数。

利用这些无量纲变量和参数，可把方程（4-5）改写为：

$$\begin{cases} U_{TT} = a_1 U_{XX} + b_1 U_{YY} + \lambda_0 V_{XY} + c_1 \psi_X + \\ \qquad d_1 \varphi_Y + \dfrac{\mu_0}{2}(U_X^2)_X \\ V_{TT} = a_2 V_{XX} + b_2 V_{YY} + \lambda_0 U_{XY} + c_2 \varphi_X + d_2 \psi_Y \\ \delta \psi_{TT} = \delta a_3 \psi_{XX} + \delta b_3 \psi_{YY} + \delta \lambda_1 \varphi_{XY} - c_3 U_X - \\ \qquad d_3 V_Y - e_1 \psi + \delta^{\frac{2}{3}} \dfrac{\mu_1}{2}(\psi_x^2)_X \\ \delta \varphi_{TT} = \delta a_4 \varphi_{XX} + \delta b_4 \varphi_{YY} + \delta \lambda_1 \psi_{XY} - \\ \qquad c_4 V_X - d_4 U_Y - e_2 \varphi \end{cases} \tag{4-7}$$

式中各项系数的具体表达式可参见文献 [23]。分别把 ψ 和 φ 按照 $\delta^{\frac{1}{2}}$ 的幂级数展开，并利用从属原理可得：

$$\psi \approx -\frac{1}{e_1}(c_3 U_X + d_3 V_Y) + \frac{\delta}{e_1}\left[\frac{1}{e_1}(c_3 U_X + d_3 V_Y)_{TT} - \frac{a_3}{e_1}\right.$$

$$\left.(c_3 U_X + d_3 V_Y)_{XX} - \frac{b_3}{e_1}(c_3 U_X + d_3 V_Y)_{YY} - \frac{\lambda_1}{e_2}(c_4 V_X + d_4 U_Y)_{XY}\right] +$$

$$\frac{\delta^{\frac{3}{2}}\mu_1}{e_1^3}\left[(c_3 U_X + d_3 V_Y)_X^2\right]_X \tag{4-8}$$

$$\varphi \approx -\frac{1}{e_2}(c_4 V_X + d_4 U_Y) + \frac{\delta}{e_2}\left[\frac{1}{e_2}(c_4 V_X + d_4 U_Y)_{TT} - \right.$$

$$\frac{a_4}{e_2}(c_4 V_X + d_4 U_Y)_{XX} - \frac{b_4}{e_2}(c_4 V_X + d_4 U_Y)_{YY} - \tag{4-9}$$

$$\left.\frac{\lambda_1}{e_1}(c_3 U_X + d_3 V_Y)_{XY}\right]$$

把式（4-8）和式（4-9）代入方程（4-7）的第一式和第二式并忽略一些高阶小项，整理可得：

$$\begin{cases} U_{TT} = \left(a_1 - \dfrac{c_1 c_3}{e_1}\right) U_{XX} + \left(b_1 - \dfrac{d_1 d_4}{e_2}\right) U_{YY} + \\[2mm] \qquad \left(\lambda_0 - \dfrac{c_1 d_3}{e_1} - \dfrac{c_4 d_1}{e_2}\right) V_{XY} + \dfrac{\mu_0}{2}(U_X^2)_X + \dfrac{\delta c_1 c_3}{e_1^2} U_{XXTT} - \\[2mm] \qquad \dfrac{\delta a_3 c_1 c_3}{e_1^2} U_{XXXX} + \dfrac{\delta^{\frac{3}{2}}\mu_1 c_1 c_3^2}{2 e_1^3}(U_{XX}^2)_{XX} \\[2mm] V_{TT} = \left(a_2 - \dfrac{c_2 c_4}{e_2}\right) V_{XX} + \left(\lambda_0 - \dfrac{c_3 d_2}{e_1} - \dfrac{c_2 d_4}{e_2}\right) U_{XY} \end{cases} \tag{4-10}$$

方程组（4-10）就是文献［23］中建立的二维非线性波模型。可以看出，这是一种互相耦合的非线性方程组。

4.2 二维非线性波模型的简化

上节得到的二维非线性波方程组（4-10）比较复杂，为简化该方程组，我们作如下行波变换[45]：

$$V(x, y, t) = v(k_1 x + k_2 y - \omega t),$$

$$U(x, y, t) = u(k_1 x + k_2 y - \omega t), \qquad (4-11)$$

$$\xi = k_1 x + k_2 y - \omega t$$

则方程组（4-10）变为：

$$\begin{cases} A u_{\xi\xi} + B v_{\xi\xi} + C(u_\xi^2)_\xi + D u_{\xi\xi\xi\xi} + E[(u_{\xi\xi})^2]_{\xi\xi} = 0 \\ v_{\xi\xi} = F u_{\xi\xi} \end{cases} \qquad (4-12)$$

其中：

$$A = k_1^2\left(a_1 - \frac{c_1 c_3}{e_1}\right) + k_2^2\left(b_1 - \frac{d_1 d_4}{e_2}\right) - \omega^2,$$

$$B = k_1 k_2\left(\lambda_0 - \frac{c_1 d_3}{e_1} - \frac{c_4 d_1}{e_2}\right),$$

$$C = k_1^3\frac{\mu_0}{2}, \quad D = k_1^2\omega^2\left(\frac{\delta c_1 c_3}{e_1^2}\right) - k_1^4\left(\frac{\delta a_3 c_1 c_3}{e_1^2}\right),$$

$$F = k_1 k_2 \frac{\lambda_0 - \dfrac{c_3 d_2}{e_1} - \dfrac{c_2 d_4}{e_2}}{\omega^2 - k_1^2\left(a_2 - \dfrac{c_2 c_4}{e_2}\right)}, \quad E = k_1^6\left(\frac{\delta^{\frac{3}{2}}\mu_1 c_1 c_3^2}{2e_1^3}\right)$$

在方程组（4-12）中，取消位移分量 v 可得：

$$\alpha_1 u_{\xi\xi} + (u_\xi^2)_\xi + \alpha_2(u_{\xi\xi}^2)_{\xi\xi} + \alpha_3 u_{\xi\xi\xi\xi} = 0 \qquad (4-13)$$

其中：

$$\alpha_1 = \frac{A - BF}{C}, \quad \alpha_2 = \frac{E}{C}, \quad \alpha_3 = \frac{D}{C}$$

对方程（4-13）作变换 $u_\xi = \varpi$，再对 ξ 积分一次可得：

$$\varpi^2 + \alpha_1 \varpi + 2\alpha_2 \varpi_\xi \varpi_{\xi\xi} + \alpha_3 \varpi_{\xi\xi} = 0 \qquad (4-14)$$

直接求出方程（4-14）的显示精确孤立波解比较困难，但当无微尺度非线性效应，即 $\alpha_2 = 0$ 时可求得如下一种精确孤立波解：

$$\varpi = A_0 - \left(\frac{3}{2}\alpha_1 + 3A_0\right)\text{sech}^2(K\xi) \qquad (4-15)$$

这里：

$$K = \frac{1}{2} \sqrt{-\frac{\alpha_1 + 2A_0}{\alpha_3}}, \quad A_0 = 0 \text{ 或} -\alpha_1$$

解式（4-15）表明，不考虑微尺度非线性效应时，在含微结构的二维固体中可存在一种对称钟型孤立波。

4.3 二维微结构固体中孤立波的存在性

由于方程（4-14）中微尺度非线性项的出现，很难求得其精确孤立波解。因此，下面用动力系统的定性分析方法来分析和论证二维微结构固体中能否存在孤立波的问题。

令 $\varpi = x$，$x_\xi = y$，则可把方程（4-14）改写为下面的平面系统：

$$\begin{cases} \dfrac{dx}{d\xi} = y \\ \dfrac{dy}{d\xi} = -\dfrac{x^2 + \alpha_1 x}{2\alpha_2 y + \alpha_3} \end{cases} \quad (4-16)$$

为避免该系统中的奇直线 $y = -\alpha_3/(2\alpha_2)$ 对相图分析带来的困难，作如下变换：

$$d\xi = (2\alpha_2 y + \alpha_3)d\tau \quad (4-17)$$

在此变换下，系统（4-16）就变成平面 Hamilton 系统：

$$\begin{cases} \dfrac{dx}{d\tau} = y(2\alpha_2 y + \alpha_3) \\ \dfrac{dy}{d\tau} = -x^2 - \alpha_1 x \end{cases} \quad (4-18)$$

由平面动力系统的定性分析理论可知，在拓扑意义下，除了奇直线外系统（4-18）和（4-16）有相同的相图。因此，可通过对系统（4-18）的相图分析，得知系统（4-16）的相图分布。

分析可知系统（4-18）有首次积分：

$$H(x, y) = \frac{1}{2}\alpha_3 y^2 + \frac{2}{3}\alpha_2 y^3 + \frac{1}{3}x^3 + \frac{1}{2}\alpha_1 x^2 = h \quad (4-19)$$

式中 h ——任意常数，h 取不同值时首次积分式（4-19）可表示不同的相轨线。

容易得知系统 (4-18) 有四个平衡点：$a_1(0, 0)$，$a_2(-\alpha_1, 0)$，$a_3[0, -\alpha_3/(2\alpha_2)]$ 和 $a_4[-\alpha_1, -\alpha_3/(2\alpha_2)]$。设 $a(x, y)$ 是系统的任一平衡点，$M(x, y)$ 表示在平衡点 $a(x, y)$ 处线性化系统的系数矩阵，$J(x, y)$ 表示在平衡点 $a(x, y)$ 处的 Jacobi 行列式，则有：

$$J(x, y) = \det M(x, y) = (2x + \alpha_1)(4\alpha_2 y + \alpha_3) \qquad (4\text{-}20)$$

在式 (4-20) 中代入点的坐标，就可计算出对应点的 Jacobi 行列式值。根据平面动力系统的定性分析理论分析可得如下结果。

情况 1　在 $A_0 = 0$ 的情况下，当 $\alpha_1 > 0$、$\alpha_3 < 0$ 时平衡点 $a_4[-\alpha_1, -\alpha_3/(2\alpha_2)]$ 和 $a_1(0, 0)$ 是鞍点，$a_2(-\alpha_1, 0)$ 和 $a_3[0, -\alpha_3/(2\alpha_2)]$ 是中心点。此时，从图 4-1 可以看出，相平面上存在一条不被奇直线分割的同宿轨道，这就是从鞍点 $a_1(0, 0)$ 出发围绕中心点 $a_3[0, -\alpha_3/(2\alpha_2)]$ 又回到该鞍点的同宿轨道。它位于 y 轴的左侧，且对 x 轴是非对称的，这条同宿轨道可以无限接近于另一个在奇直线上的鞍点 $a_4[-\alpha_1, -\alpha_3/(2\alpha_2)]$，但不能通过该鞍点。假设在极限情况下通过该鞍点，则有 $H(a_1) = H(a_4)$，由此式计算得 $\alpha_2 = \pm\dfrac{1}{2}$

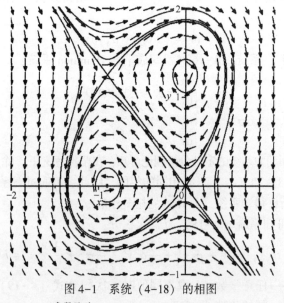

图 4-1　系统 (4-18) 的相图

(参数取为 $\alpha_1 = 0.9$，$\alpha_2 = 0.2$，$\alpha_3 = -0.5$)

$\dfrac{(-\alpha_1\alpha_3)^{\frac{1}{2}}\alpha_3}{\alpha_1^2}$。这表明此同宿轨道存在时参数 α_2 应满足条件 $-\dfrac{1}{2}$

$\dfrac{(-\alpha_1\alpha_3)^{\frac{1}{2}}\alpha_3}{\alpha_1^2}<\alpha_2<\dfrac{1}{2}\dfrac{(-\alpha_1\alpha_3)^{\frac{1}{2}}\alpha_3}{\alpha_1^2}$。由动力系统的同宿轨道与偏微分方

程的孤立波解之间的对应关系可知，此同宿轨道对应于非线性波方程的满足边条件 $|\xi|\to\infty$ 时，ϖ，ϖ_ξ，$\varpi_{\xi\xi}\to0$ 的钟型孤立波解。因此，可有如下的结论 1。

结论 1 当 $A_0=0$、$\alpha_1>0$、$\alpha_3<0$ 且 α_2 满足 $-\dfrac{1}{2}\dfrac{(-\alpha_1\alpha_3)^{\frac{1}{2}}\alpha_3}{\alpha_1^2}<\alpha_2<\dfrac{1}{2}$

$\dfrac{(-\alpha_1\alpha_3)^{\frac{1}{2}}\alpha_3}{\alpha_1^2}$ 时，在含微结构的二维固体中存在一种满足边条件 $|\xi|\to$

∞ 时，ϖ，ϖ_ξ，$\varpi_{\xi\xi}\to0$ 的非对称反钟型孤立波。这种非对称孤立波是由于二维微结构固体中微尺度非线性效应的存在而破坏原有的平衡，并重新建立平衡后形成的新型孤立波。从图 4-2 中给出的数值计算结果可清楚地看出，在微尺度非线性效应的影响下微结构固体中所形成的孤立波是一种反钟型孤立波，与无微尺度非线性效应时的孤立波［式（4-15）］相比较可看到明显的非对称性特性。

情况 2 在 $A_0=0$ 的情况下，当 $\alpha_1<0$、$\alpha_3>0$ 时平衡点 $a_4[-\alpha_1$，$-\alpha_3/(2\alpha_2)]$ 和 $a_1(0,0)$ 是鞍点，$a_2(-\alpha_1,0)$ 和 $a_3[0,-\alpha_3/(2\alpha_2)]$ 是中心点。此时，从图 4-3 可以看出，在相平面上同样存在一条不被奇直线分割的同宿轨道，就是从鞍点 $a_1(0,0)$ 出发，绕中心点 $a_3[0,-\alpha_3/(2\alpha_2)]$ 又回到该鞍点的同宿轨道。它位于 y 轴的右侧，相对于 x 轴也是非对称的。同样的道理可得，这一同宿轨道

存在时参数 α_2 所需要满足的条件为 $-\dfrac{1}{2}\dfrac{(-\alpha_1\alpha_3)^{\frac{1}{2}}\alpha_3}{\alpha_1^2}<\alpha_2<\dfrac{1}{2}$

$\dfrac{(-\alpha_1\alpha_3)^{\frac{1}{2}}\alpha_3}{\alpha_1^2}$。同样，根据平面动力系统同宿轨道与偏微分方程的解

之间的对应关系可得如下结论 2。

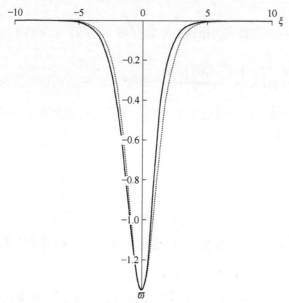

图 4-2   新形成的非对称孤立波（实线）与孤立波［式（4-15）］（点线）
（$\alpha_1 = 0.9$，$\alpha_2 = 0.2$，$\alpha_3 = -0.5$）

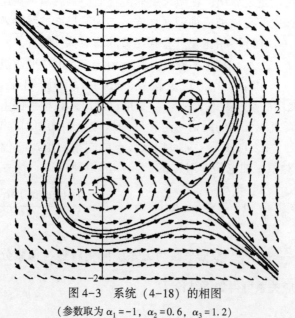

图 4-3   系统（4-18）的相图
（参数取为 $\alpha_1 = -1$，$\alpha_2 = 0.6$，$\alpha_3 = 1.2$）

结论2 当 $A_0=0$、$\alpha_1<0$、$\alpha_3>0$ 且 α_2 满足 $-\dfrac{1}{2}\dfrac{(-\alpha_1\alpha_3)^{\frac{1}{2}}\alpha_3}{\alpha_1^2}<\alpha_2<$

$\dfrac{1}{2}\dfrac{(-\alpha_1\alpha_3)^{\frac{1}{2}}\alpha_3}{\alpha_1^2}$时，在含有微结构的二维固体中存在一种满足边条件 $|\xi|\to\infty$ 时，ϖ，ϖ_ξ，$\varpi_{\xi\xi}\to 0$ 的非对称钟型孤立波。从图 4-4 中给出的数值计算结果，也可清楚地看出所形成的孤立波是一种非对称钟型孤立波，这进一步验证了定性分析所得结果。

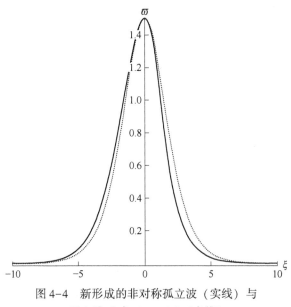

图 4-4 新形成的非对称孤立波（实线）与
孤立波［式（4-15）］（点线）
（$\alpha_1=-1$，$\alpha_2=0.6$，$\alpha_3=1.2$）

由平面动力系统的定性分析理论可知，在其他条件下在含有微结构的二维固体中不可能存在满足边条件 $|\xi|\to\infty$ 时，ϖ，ϖ_ξ，$\varpi_{\xi\xi}\to 0$ 的孤立波。

情况3 在 $A_0=-\alpha_1$ 的情况下，当 $\alpha_1>0$、$\alpha_3>0$ 时平衡点 $a_3[0,-\alpha_3/(2\alpha_2)]$ 和 $a_2(-\alpha_1,0)$ 是鞍点，$a_4[-\alpha_1,-\alpha_3/(2\alpha_2)]$ 和 $a_1(0,0)$ 是中心点。此时，由图 4-5 可以看出，在相平面上存在一条从鞍

点 $a_3[0,\ -\alpha_3/(2\alpha_2)]$ 出发围绕中心点 $a_1(0,\ 0)$ 又回到该鞍点且不被奇直线分割的同宿轨道。它存在于原点周围，与 x 轴是非对称的。

此同宿轨道存在时参数 α_2 需要满足的条件为 $-\dfrac{1}{2}\left(\dfrac{\alpha_3}{\alpha_1}\right)^{\frac{3}{2}}<\alpha_2<\dfrac{1}{2}\left(\dfrac{\alpha_3}{\alpha_1}\right)^{\frac{3}{2}}$。因此，可得如下结论 3。

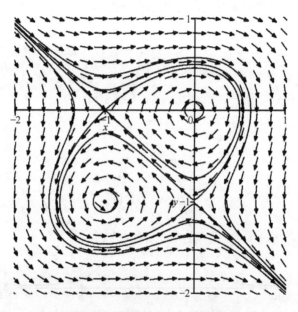

图 4-5 系统（4-18）的相图
（参数取为 $\alpha_1=1$，$\alpha_2=0.6$，$\alpha_3=1.2$）

结论 3 当 $A_0=-\alpha_1$、$\alpha_1>0$、$\alpha_3>0$ 且 α_2 满足 $-\dfrac{1}{2}\left(\dfrac{\alpha_3}{\alpha_1}\right)^{\frac{3}{2}}<\alpha_2<\dfrac{1}{2}\left(\dfrac{\alpha_3}{\alpha_1}\right)^{\frac{3}{2}}$ 时，在含有微结构的二维固体中存在一种满足边条件 $|\xi|\to\infty$ 时，$\varpi\to A_0$，ϖ_ξ，$\varpi_{\xi\xi}\to0$ 的非对称钟型孤立波。在图 4-6 中给出的数值计算结果也进一步验证了我们的结论 3。

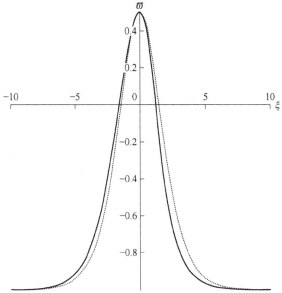

图 4-6 新形成的非对称孤立波（实线）与
孤立波［式（4-15）］（点线）

（$\alpha_1 = -1$，$\alpha_2 = 0.6$，$\alpha_3 = 1.2$）

情况 4 在 $A_0 = -\alpha_1$ 的情况下，当 $\alpha_1 < 0$、$\alpha_3 < 0$ 时平衡点 $a_3[0,$ $-\alpha_3/(2\alpha_2)]$ 和 $a_2(-\alpha_1, 0)$ 是鞍点，$a_4[-\alpha_1, -\alpha_3/(2\alpha_2)]$ 和 $a_1(0, 0)$ 是中心点。此时，由相图 4-7 可以看出，在相平面上的原点周围同样存在一条不被奇直线分割的同宿轨道。这就是从鞍点 $a_3[0,$ $-\alpha_3/(2\alpha_2)]$ 出发围绕中心点 $a_1(0, 0)$ 又回到该鞍点的同宿轨道。此同宿轨道存在时参数 α_2 应满足的条件为 $-\dfrac{1}{2}\left(\dfrac{\alpha_3}{\alpha_1}\right)^{\frac{3}{2}} < \alpha_2 < \dfrac{1}{2}\left(\dfrac{\alpha_3}{\alpha_1}\right)^{\frac{3}{2}}$。于是，可得到结论 4。

结论 4 当 $A_0 = -\alpha_1$、$\alpha_1 < 0$、$\alpha_3 < 0$ 且 α_2 满足 $-\dfrac{1}{2}\left(\dfrac{\alpha_3}{\alpha_1}\right)^{\frac{3}{2}} < \alpha_2 < \dfrac{1}{2}$ $\left(\dfrac{\alpha_3}{\alpha_1}\right)^{\frac{3}{2}}$ 时，在含有微结构的二维固体中存在一种满足边界条件 $|\xi| \to$ ∞ 时，$\varpi \to A_0$，ϖ_ξ，$\varpi_{\xi\xi} \to 0$ 的非对称反钟型孤立波。在图 4-8 中给

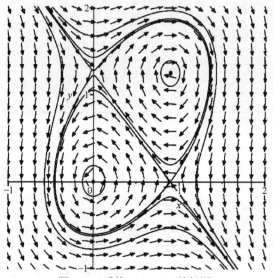

图 4-7　系统（4-18）的相图

（参数取为 $\alpha_1 = -0.9$，$\alpha_2 = 0.2$，$\alpha_3 = -0.5$）

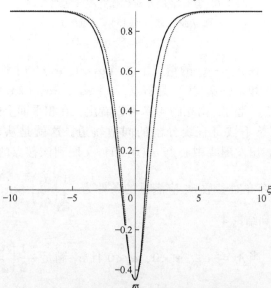

图 4-8　新形成的非对称孤立波（实线）与

孤立波［式（4-15）］（点线）

（$\alpha_1 = -0.9$，$\alpha_2 = 0.2$，$\alpha_3 = -0.5$）

出的数值计算结果也进一步证实了这一结论，清楚地显现出了所形成孤立波的非对称特性和反钟型特性。

由平面动力系统的定性分析理论可知，在其他条件下含有微结构的二维固体中不可能存在满足边条件 $|\xi| \to \infty$ 时，$\varpi \to A_0$，ϖ_ξ，$\varpi_{\xi\xi} \to 0$ 的孤立波。

4.4 本章小结

本章简单介绍了含有微结构的二维固体中非线性波传播模型的建立过程。利用行波变换，把复杂的非线性方程组简化为一个非线性常微分方程，并利用动力系统的定性分析方法和数值方法，分析了含有微结构的二维固体中孤立波的存在性及其几何特征。证明了在适当条件下含有微结构的二维固体中可以形成非对称钟型孤立波和非对称的反钟型孤立波。这为微结构固体材料的无损检测与评价提供了更具实际意义的依据，进一步增强了孤立波可对固体材料进行无损检测与评价的可能性。

微结构固体中孤立波的稳定性

功能梯度材料、复合材料、多晶材料以及颗粒材料等含有微结构的固体材料中孤立波稳定传播问题的研究对这些材料的无损检测与评价具有重要的实际意义，因为孤立波在固体材料中传播时，其形状、幅度以及传播速度中携带着材料内部结构特性的重要信息。从已有的研究结果[25~27]看，这可能成为对固体材料进行无损检测与评价的一种有效手段。但不管是在实验中还是在实际检测中，固体材料中传播的孤立波始终受到不同程度的小扰动，所以受到小扰动的孤立波能否稳定传播就成为了关键问题，因为只有稳定传播的孤立波才能克服扰动且长期存在，并能在实验中观测到和实际中应用到。

本章以微结构固体的一种 KdV 类方程作为基本控制方程并利用积分因子方法，对微结构固体中传播的孤立波的传播特性以及受到不同小扰动的影响下孤立波能否稳定传播等问题进行数值分析和讨论。最后对一种以微结构材料制成的波导中传播的孤立波的动力学稳定性进行数值分析和研究。

5.1　基本模型及积分因子方法

在前面的章节中我们已经建立了微结构固体中的几种非线性波模型，其中在文献［15，31］中建立的模型是最基本的模型。因此，本章的研究就以它为基本模型来研究微结构固体中孤立波的传播特性及稳定性问题。

在文献 [15, 31] 中建立的基本模型具有如下形式：

$$U_{TT} - bU_{XX} - \frac{\mu}{2}(U_X^2)_X - \delta(\beta U_{TT} - \gamma U_{XX})_{XX} + \delta^{\frac{3}{2}}\frac{\lambda}{2}(U_{XX}^2)_{XX} = 0$$

$$(5-1)$$

这里 $U = \dfrac{u}{U_0}$, $X = \dfrac{x}{L}$, $T = \dfrac{tc_0}{L}$ (其中 $c_0^2 = \dfrac{a}{\rho}$), $\delta = \dfrac{l^2}{L^2}$ (其中 l 是材料的特征长度), $\varepsilon = \dfrac{U_0}{L}$ (其中 U_0 和 L 是初始激励的幅度和波长), $b = 1 - D^2/(aB)$, $\mu = \dfrac{N\varepsilon}{a}$, $\beta = D^2 I/(l^2\rho B^2)$, $\gamma = D^2 C/(l^2 aB^2)$, $\lambda = -D^3 M\varepsilon/(l^3 aB^3)$, 且 $0<b<1$, $\delta>0$, $\beta>0$, $\gamma>0$。由于建立方程 (5-1) 时考虑了固体材料的微结构效应, 所以方程中出现了微尺度频散项 (第四项) 和微尺度非线性项 (第五项), 这也导致了该方程精确解析求解上的困难。在第 2 章里我们利用动力系统的定性分析方法, 研究该方程并证明了微结构固体中可以存在非对称孤立波。

从方程类型上看, 方程 (5-1) 属于 Boussinesq 类方程, 用于描述微结构固体中双向波传播。人们研究发现, 描述双向波传播的 Boussinesq 类方程在一定条件下可等效地简化为描述单向波传播的 KdV 类方程, 而其基本性质保持不变。这里引入的几何参数 δ 表示特征长度与波长之比, δ 趋近于 1 时表示微尺度效应比较明显, δ 小于 1 时表示微尺度效应较弱, 一般情况下 $\delta<1$；另一几何参数 ε 表示位移幅值与波长之比, 在位移幅值很小的情况下它应满足 $\varepsilon\ll1$, 即在我们所研究的条件下 ε 是个小参数。因此, 借助小参数 ε 和 δ 并利用非线性方程的约化摄动方法对方程 (5-1) 进行约化可得：

$$U_{0\tau\xi} + p_1(U_{0\xi}{}^2)_\xi + p_2 U_{0\xi\xi\xi\xi} + p_3(U_{0\xi\xi}{}^2)_{\xi\xi} = 0 \qquad (5-2)$$

其中 $p_1 = \dfrac{N}{2aV}$, $p_2 = \dfrac{D^2\delta}{l^2 B^2\varepsilon}\left(\dfrac{I}{\rho} - \dfrac{C}{aV}\right)$, $p_3 = \dfrac{D^3 M}{2l^3 aB^3 V}\delta^{\frac{3}{2}}$, $V = \sqrt{1 - \dfrac{D^2}{aB}}$。令 $U_{0\xi}=u$, 则把方程 (5-2) 改写为 (下式中已把 ξ 和 τ 改写为 x 和 t)：

$$u_t + p_1(u^2)_x + p_2 u_{xxx} + p_3(u_x^2)_{xx} = 0 \qquad (5-3)$$

这是一种 KdV 类方程[54], 当无微尺度非线性效应, 即 $p_3=0$ 时, 此方程就变成著名的 KdV 方程。下面就以方程 (5-3) 作为控制方程并利用积分因子方法, 对微结构固体中孤立波的传播及稳定特性进行数值研究。

积分因子方法 (method of integrating factors) 是数值求解偏微分方程的一种计算速度快、精度高、稳定性好并能容易编程实现的有效方法, 是属于一种伪谱方法[51,52]。该方法通过作快速 Fourier 变换 (FFT) 和乘积分因子的巧妙手段, 消掉方程中导致数值频散的刚性项 (即线性空间导数项), 从而达到高精度求解方程的目的。依据该方法的基本思想, 对方程 (5-3) 作 Fourier 变换可得:

$$\hat{u}_t + ikp_1\hat{u}^2 - ik^3p_2\hat{u} - k^2p_3\hat{u}_x^2 = 0 \qquad (5-4)$$

方程 (5-4) 两边乘以 $e^{-ik^3p_2t}$, 并令 $\hat{U} = e^{-ik^3p_2t}\hat{u}$ 可得:

$$\hat{U}_t + ikp_1e^{-ik^3p_2t}\hat{u}^2 - k^2p_3e^{-ik^3p_2t}\hat{u}_x^2 = 0 \qquad (5-5)$$

又因为:

$$u = F^{-1}(e^{ik^3p_2t}\hat{U}), \qquad u_x = F^{-1}(ik\hat{u}) \qquad (5-6)$$

把式 (5-6) 代入方程 (5-5) 可得:

$$\hat{U}_t + ikp_1e^{-ik^3p_2t}F\{[F^{-1}(e^{ik^3p_2t}\hat{U})]^2\} -$$
$$k^2p_3e^{-ik^3p_2t}F\{[F^{-1}(ike^{ik^3p_2t}\hat{U})]^2\} = 0 \qquad (5-7)$$

由方程 (5-7) 可以看到, 原方程中导致数值频散的线性空间导数项全部被消掉。因此我们可以利用四阶龙格库塔方法直接解出 $\hat{U}$, 然后利用关系式 $u = F^{-1}(e^{ik^3p_2t}\hat{U})$, 就可求解得到 u。

5.2　微结构固体中孤立波的传播特性

由于在方程 (5-3) 中微尺度非线性项 $p_3(u_x^2)_{xx}$ 的出现, 很难求得出其精确孤立波解, 但当 $p_3 = 0$ 时可求得一种精确孤立波解:

$$u_0(x, t) = A_0\text{sech}^2\left[\sqrt{\frac{A_0p_1}{6p_2}}\left(x - \frac{2A_0p_1}{3}t\right)\right] \qquad (5-8)$$

这里常数 A_0 表示孤立波的波幅。式 (5-8) 表示一种向右传播的对称钟型孤立波, 其传播速度和宽度都与波幅有关, 这是非线性波的重要特性。为考察微结构固体中孤立波的传播特性, 这里就以式 (5-8) 为初始条件并采用周期性边界条件, 在区间 $[-\pi, \pi]$ 上进行数值计算。计算时选取的材料常数为 $p_1 = 100$, $p_2 = 3$, 孤立波的幅度为

$A_0 = 1$。图 5-1 中显示的是 $t = 0.4$ 时刻在微尺度非线性效应很弱（即 $p_3 = 0.01$）的微结构固体中传播的孤立波波形以及它与初始波形的偏差。可以看出，随着时间的推移，初始时刻的孤立波缓慢变形并产生了一些偏差，但这种弱微尺度非线性效应下所产生的偏差很小，即孤立波能够较长时间基本保持波形和传播速度在微结构固体中传播。此时，孤立波的非对称特性也不明显。图 5-2 中显示的是 $t = 0.4$ 时刻在微尺度非线性效应较强（即 $p_3 = 0.05$）的微结构固体中传播的孤立波波形以及它与初始波形的偏差。由图可以看出，在较强的微尺度非线性效应下孤立波的变形显得比较明显，其传播速度也发生了较明显的变化并出现了一些波尾。从偏差图上看到，孤立波左右两侧的变形程度不同，这表明孤立波逐渐呈现一些非对称特性，这与文献 [15，31] 中给出的研究结果相一致。

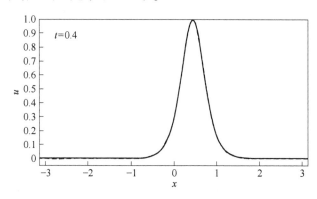

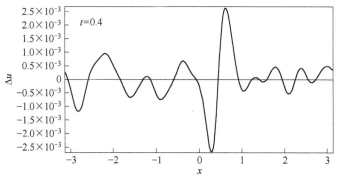

图 5-1   弱微尺度非线性效应下的孤立波（虚线）及其偏差

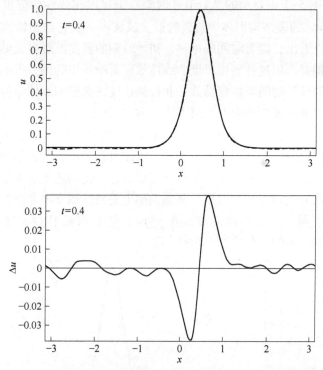

图 5-2　较强微尺度非线性效应下的孤立波（虚线）及其偏差

5.3　微结构固体中孤立波传播的稳定性

5.3.1　高斯波扰动下的孤立波

假设微结构固体中传播的孤立波受到了高斯波扰动，其表达式为

$$u'(x,\ 0) = A\mathrm{e}^{-kx^2} \tag{5-9}$$

式中　A——高斯波的幅度；

　　　k——高斯波的宽度因数。

数值模拟时，采用周期性边界条件并在区间 $[-\pi,\ \pi]$ 上进行计算，初始条件取为 $u(x,\ 0) = u_0(x,\ 0) + u'(x,\ 0)$，材料常数取为 $p_1 = 100$，$p_2 = 3$，$p_3 = 0.01$，孤立波幅度为 $A_0 = 1$。由于考虑的是小扰

动，所以扰动幅度应足够小，取为 $A = 0.01$，是孤立波幅度的 1%。如果扰动幅度较大，肯定会影响孤立波的稳定传播，这是我们熟知的结果。一般来讲，经过足够长时间的演化后，如果扰动的幅度没有产生明显的增加，受扰波的波幅、宽度等波形结构和传播速度基本保持不变，则可判定该波动力学稳定；如果扰动的幅度产生明显的增加，受扰波的波形结构和速度发生明显改变，则可判定该波动力学不稳定。在图 5-3 中显示的是当 $A = 0.01$、$k = 40$ 时，$t = 0$ 和 $t = 0.4$ 时刻的孤立波的波形图。可以看出，随着时间的推移，初始时刻的局部扰动，逐步弥散到整个计算区域，但扰动幅度没有明显增加。经过一定时间的演化后，$t = 0.4$ 时刻的受扰孤立波的波形和传播速度有了一些小的变化，出现了一些孤立波尾。图 5-4 所示的受扰孤立波与未受

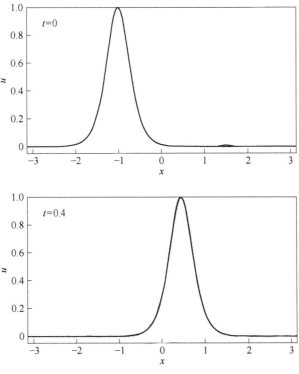

图 5-3　高斯波扰动下的孤立波（点线）

$(A = 0.01, \ k = 40)$

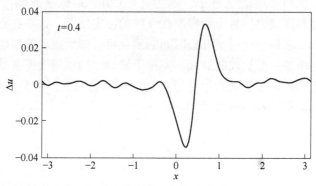

图 5-4   高斯波扰动下受扰孤立波与未受扰孤立波的偏差
($A = 0.01$, $k = 40$)

扰孤立波在同一时刻的偏差图上也能看到这一点。这表明微结构固体中的孤立波的抗干扰性不是很强，其动力学稳定性也不是很稳定。特别是当 $A = 0.01$、$k = 10$，即改变局部扰动的宽度时，受扰孤立波的波形结构和传播速度有了比较明显的变化（如图 5-5 所示），在图 5-6所示的偏差图上也可明显地看到这一点。这表明除了高斯波扰动的幅值能够影响孤立波的稳定传播之外，其宽度也能影响孤立波的稳定传播。由此可以总结出：微结构固体中传播孤立波的抗干扰性即其动力学稳定性不是很强，只有受到幅度和宽度都非常小的高斯波扰动下，微结构固体中传播的孤立波才能显现出一定程度的动力学稳定性。

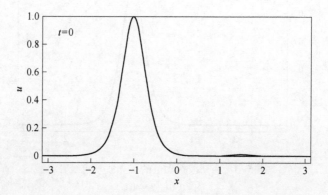

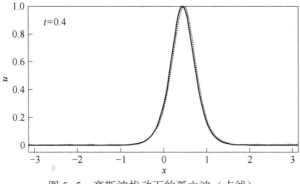

图 5-5 高斯波扰动下的孤立波（点线）

（$A=0.01$，$k=10$）

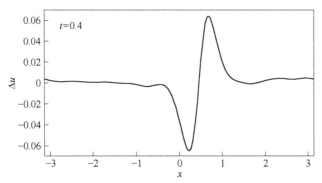

图 5-6 高斯波扰动下受扰孤立波与未受扰孤立波的偏差

（$A=0.01$，$k=10$）

5.3.2 Ricker 子波扰动下的孤立波

假设微结构固体中传播的孤立波受到了 Ricker 子波扰动，其表达式为：

$$u'(x,\ 0) = A[1 - 2(\lambda x)^2]e^{-(\lambda x)^2} \qquad (5-10)$$

式中　A——Ricker 子波的幅度；

λ——Ricker 子波的宽度因数。

数值模拟时，所采用的边界条件、初始条件、材料常数和孤立波幅度都与上节的相同。图 5-7 中显示的是当 $A=0.01$、$\lambda=6$ 时，$t=0$ 和 $t=0.4$ 时刻受到 Ricker 子波扰动的孤立波波形图。由图可以看出，随着时间的推移，初始时刻的局部扰动，逐步弥散到整个计算区域，但扰动幅度没有明显增加。经过一定时间演化后，受扰孤立波的波形和传播速度开始发生了一些微小的变化，但还能够保持原有特性。从图 5-8 所示的受扰孤立波与未受扰孤立波的偏差图上可以看到两者的偏差，显然偏差度很小。因此，在 Ricker 子波小扰动下孤立波的波形和传播速度发生了一些微小的变化，但相比于高斯波扰动下的变化要小一些。当 $A = 0.01$、$\lambda = 3$，即改变局部扰动的宽度时（如图 5-9 所示），受扰孤立波的波形和传播速度有了较明显的变化（如图 5-10 所示）。这表明 Ricker 子波的宽度也能够影响孤立波的稳定传播。由此可得：微结构固体中传播孤立波的抗干扰性和动力学稳定性不是很强，只有受到幅度和宽度都非常小的 Ricker 子波扰动下，微结构固体中传播的孤立波才能显现出一定程度的动力学稳定性。

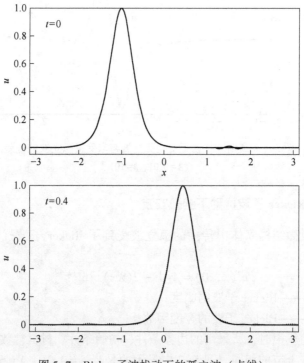

图 5-7　Ricker 子波扰动下的孤立波（点线）

$(A = 0.01,\ \lambda = 6)$

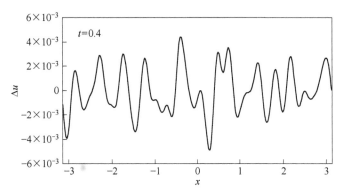

图 5-8　Ricker 子波扰动下受扰孤立波与未受扰孤立波的偏差

($A=0.01$, $\lambda=6$)

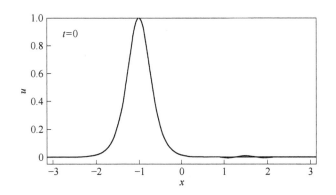

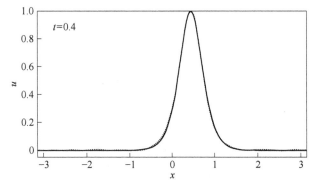

图 5-9　Ricker 子波扰动下的孤立波（点线）

($A=0.01$, $\lambda=3$)

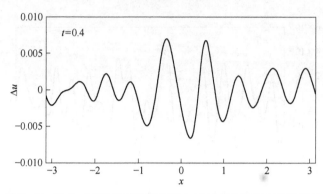

图 5-10　Ricker 子波扰动下受扰孤立波与未受扰孤立波的偏差
($A=0.01$，$\lambda=3$)

5.3.3　双曲正割波扰动下的孤立波

　　设微结构固体中传播的孤立波受到了双曲正割波小扰动，即 u' $(x, 0)=A\mathrm{sech}(kx)$。同样我们采用数值方法考察了孤立波传播的动力学稳定性。数值模拟时，所采用的边界条件、初始条件、材料常数和孤立波幅度等都与上节的相同。图 5-11 给出的是当 $A=0.01$、$k=12$ 时，在 $t=0$ 和 $t=0.4$ 时刻受到双曲正割波扰动的孤立波的波形图。图 5-12 给出的是 $t=0.4$ 时刻受扰孤立波与未受扰孤立波的偏差图。从偏差图中可以看出，受到双曲正割波扰动的孤立波的波形和传播速度的变化情况非常类似于受到高斯波扰动的孤立波的波形和传播速度的变化情况。图 5-13 给出的是当 $A=0.01$、$k=6$ 时，在 $t=0$ 和 $t=0.4$ 时刻受到双曲正割波扰动的孤立波的波形图，即受到宽度较宽的双曲正割波扰动的情况。由图可以看出，受到宽度较宽的双曲正割波扰动之后孤立波的波形和传播速度有了更明显的变化，从偏差图 5-14 中也可以看到这一点。此时的变化情况也非常类似于受到高斯波扰动的孤立波的波形和传播速度的变化情况。相比受到三种不同小扰动下的孤立波的波形和传播速度的变化，我们可以看出在 Ricker 子波扰动下孤立波的波形和传播速度的变化最小，高斯波扰动和双曲正割波扰动下孤立波的波形和传播速度的变化非常类同，偏差程度也基本相同。

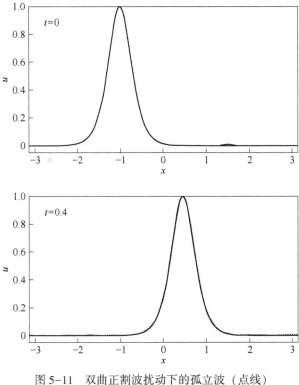

图 5-11 双曲正割波扰动下的孤立波（点线）

（$A=0.01$, $k=12$）

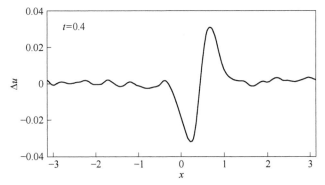

图 5-12 双曲正割波扰动下受扰孤立波与未受扰孤立波的偏差

（$A=0.01$, $k=12$）

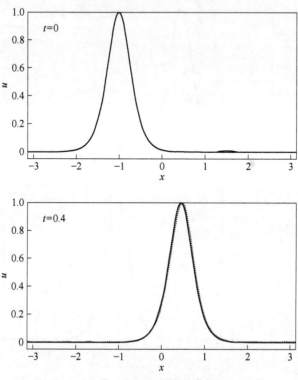

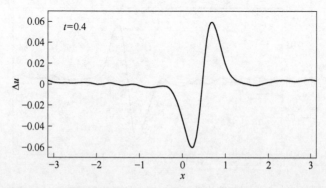

图 5-13　双曲正割波扰动下的孤立波（点线）

$(A=0.01,\ k=6)$

图 5-14　双曲正割波扰动下受扰孤立波与未受扰孤立波的偏差

$(A=0.01,\ k=6)$

5.4 波导中孤立波传播的稳定性

管道、圆柱壳等波导中波传播的稳定性问题的研究对波导本身的无损检测与评价具有十分重要的实际意义[46~48]。因为不管是在实验中还是在实际应用中，波导中传播的孤立波始终受到不同程度的扰动，所以只有稳定传播的孤立波才能克服扰动能够长时间传播并且能在实验中观测到和实际中能够应用到。

Zemlyanukhin 等[49,50]考虑薄壳材料的耦合应力作用，并利用立方非线性应力-应变关系，建立了描述非均匀圆柱壳中应变波传播的一种新模型：

$$u_t - \alpha u^2 u_x - \beta u_{xxx} + \omega u_{xxxxx} = 0 \tag{5-11}$$

式中 u——应变的纵向分量；

α——与薄壳材料的泊松比以及材料弹性常数有关的常数；

β, ω——与泊松比有关的常数。

本节我们就以此方程为基本控制方程，用积分因子方法来研究非均匀圆柱壳中孤立波传播的稳定性问题[53]。

应用积分因子方法，因此对方程（5-11）作 Fourier 变换得：

$$\hat{u}_t - \frac{ik\alpha}{3}\hat{u}^3 + ik^3\beta\hat{u} + ik^5\omega\hat{u} = 0 \tag{5-12}$$

方程（5-12）两边乘以 $e^{ik^3\beta t + ik^5\omega t}$ 可得：

$$e^{ik^3\beta t + ik^5\omega t}\hat{u}_t - \frac{ik\alpha}{3}e^{ik^3\beta t + ik^5\omega t}\hat{u}^3 +$$
$$ik^3\beta e^{ik^3\beta t + ik^5\omega t}\hat{u} + ik^5\omega e^{ik^3\beta t + ik^5\omega t}\hat{u} = 0 \tag{5-13}$$

令 $\hat{U} = e^{ik^3\beta t + ik^5\omega t}\hat{u}$，并两边对 t 求偏导数得：

$$\hat{U}_t = (ik^3\beta + ik^5\omega)\hat{U} + e^{ik^3\beta t + ik^5\omega t}\hat{u}_t \tag{5-14}$$

由式（5-14）可得：

$$e^{ik^3\beta t + ik^5\omega t}\hat{u}_t = \hat{U}_t - ik^3\beta\hat{U} - ik^5\omega\hat{U} \tag{5-15}$$

把上式代入方程（5-13）并整理可得：

$$\hat{U}_t - e^{ik^3\beta t + ik^5\omega t}\frac{ik\alpha}{3}\hat{u}^3 = 0 \tag{5-16}$$

由 $\hat{U}=e^{ik^3\beta t+ik^5\omega t}\hat{u}$ 可得 $u=F^{-1}(e^{-ik^3\beta t-ik^5\omega t}\hat{U})$，把此式代入方程 (5-16) 得：

$$\hat{U}_t - e^{ik^3\beta t+ik^5\omega t}\frac{ik\alpha}{3}F\{[F^{-1}(e^{-ik^3\beta t-ik^5\omega t}\hat{U})]^3\} = 0 \qquad (5-17)$$

由方程 (5-17) 可看到，此时已把原方程中的线性空间导数项全部消掉。因此，可利用四阶龙格库塔方法直接解出 $\hat{U}$，然后利用关系式 $u=F^{-1}(e^{-ik^3\beta t-ik^5\omega t}\hat{U})$，就可解出 u。

方程 (5-11) 有一种典型的钟型孤立波解：

$$u_0(x,\ t) = \frac{3}{\sqrt{10}}\frac{\beta}{\sqrt{\alpha\omega}}\text{sech}^2\left[\sqrt{\frac{\beta}{20\omega}}\left(x+\frac{4}{25}\frac{\beta^2}{\omega}t\right)\right] \qquad (5-18)$$

此解表明在非均匀圆柱壳中可以有一种向左传播的钟型孤立波。可以看出，随着参数 β 的增大，孤立波的幅度增大，宽度变窄，速度变快；随着参数 ω 的增大，孤立波的幅度减小，宽度变宽，速度变慢；但参数 α 只对孤立波的幅度有影响，对孤立波的宽度没有影响。下面用数值方法考察式 (5-18) 表示的孤立波受到简谐波扰动、高斯波扰动和随机扰动等三种不同小扰动的情况下能否稳定传播问题。

5.4.1　高斯波扰动下的孤立波

设式 (5-18) 表示的孤立波在非均匀圆柱壳中传播时受到了高斯波扰动，此高斯波扰动的表达式为：

$$u'(x,\ 0) = Ae^{-kx^2} \qquad (5-19)$$

式中　A——高斯波的幅度；

　　　k——高斯波的宽度。

做数值模拟时，采用周期性边界条件并在区间 $[-\pi,\ \pi]$ 内进行计算，材料相关参数取为 $\alpha=5$，$\beta=90$，$\omega=0.2$，初始条件取为 $u(x,\ 0)=u_0(x,\ 0)+u'(x,\ 0)$。由于这里考虑的是小扰动，所以扰动幅度应足够小，如果扰动幅度较大，肯定会影响孤立波的稳定传播。但为了便于观察扰动产生的效应，实际模拟时取的扰动幅度稍大一些。一般来讲，经过足够长时间的演化后，如果扰动的幅度没有产生明显的增加，受扰波的波幅、波宽等波形结构和传播速度基本保持不变，则可判定该波动力学稳定；如果扰动的幅度产生明显的增加，受扰波的波形结构和速度发生明显改变，则可判定该波动力学不稳定。

图 5-15 显示的是当 $A=4$、$k=40$ 时，不同时刻的孤立波的波形图。可以看出，随着时间的推移，初始时刻的局部扰动，逐渐扩散为整个计算区间上的扰动，但扰动的幅度并没有发生明显增加。经过较长时间演化后，受扰孤立波的波形结构和传播速度基本保持不变（相比于虚线表示的未受扰孤立波），即孤立波表现出了较强的抗干扰性，具有良好的动力学稳定性。在图 5-16 中绘制的受扰孤立波与未受扰孤立波之间的偏差图上也可观察到这一点。当 $A=4$、$k=5$（如图 5-17 所示），即改变局部扰动的宽度时，孤立波的波形结构还能基本保持不变，但其传播速度有了明显变化，即变得明显快于未受扰孤立波的速度（若取 $A=-4$，则明显慢于未受扰孤立波的速度）。这表明除了高斯波扰动的幅值能够影响孤立波的传播特性之外，其宽度也能影响孤立波的传播特性，主要影响孤立波的传播速度。综合上述讨论可得：受到幅度和宽度都足够小的高斯波扰动时，在非均匀圆柱壳中传播的钟型孤立波可具有良好的动力学稳定性。

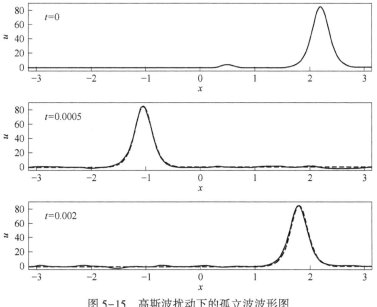

图 5-15　高斯波扰动下的孤立波波形图
（虚线表示未受扰孤立波）
（$A=4$，$k=40$）

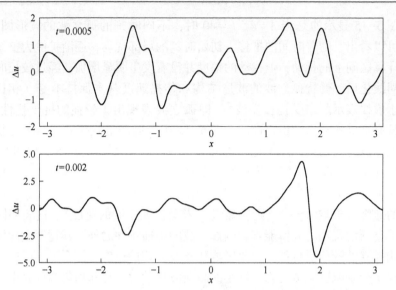

图 5-16　高斯波扰动下受扰孤立波与未受扰孤立波的偏差图

（$A=4$，$k=40$）

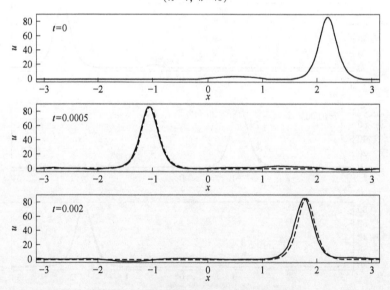

图 5-17　高斯波扰动下的孤立波波形图

（虚线表示未受扰情况）

（$A=4$，$k=5$）

5.4.2　简谐波扰动下的孤立波

设非均匀圆柱壳中传播的孤立波受到了简谐波扰动，简谐波扰动的表达式可写为：

$$u'(x, 0) = A\cos\left(\frac{2\pi}{\lambda}x\right) \qquad (5-20)$$

式中　A——简谐波的振幅；

　　　λ——波长。

数值模拟时所采用的边界条件和材料常数与上一节的相同，初始条件取为 $u(x, 0) = u_0(x, 0) + u'(x, 0)$。图 5-18 显示的是当 $A=2$、$\lambda=0.2$ 时，即在短波扰动下不同时刻的孤立波波形图。可以看出，随着时间的推移，简谐波扰动的幅度没有发生明显增加。经过较长时间演化后，受扰孤立波的波形结构和传播速度也基本没有发生改变

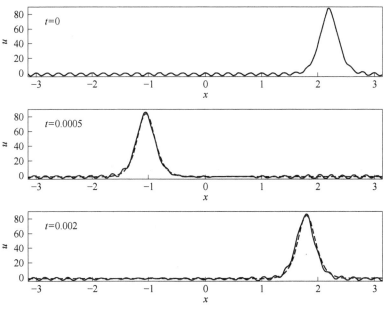

图 5-18　短波扰动下不同时刻的孤立波波形图

（虚线表示未受扰情况）

（$A=2$，$\lambda=0.2$）

（相比于虚线表示的未受扰孤立波），基本保持原有状态。从图 5-19
中绘制的受扰孤立波与未受扰孤立波之间的偏差图上也能观察到这一
点。这表明在短波扰动下，该钟型孤立波具有较强的抗干扰性和动力
学稳定性。图 5-20 显示的是当 $A=2$、$\lambda=1$ 时，即在长波扰动下不同
时刻的孤立波波形图。可以看出，在长波扰动下该钟型孤立波的幅度
上下浮动，其传播速度有了明显变化，即变得明显快于未受扰孤立
波的速度（若取 $A=-2$，则明显慢于未受扰孤立波的速度）。此结
果表明，在非均匀圆柱壳中传播的钟型孤立波，较容易受到长波扰
动的影响。由此可以总结出：受到波长和波幅都足够小的简谐波扰
动时，在非均匀圆柱壳中传播的钟型孤立波可具有良好的动力学稳
定性。

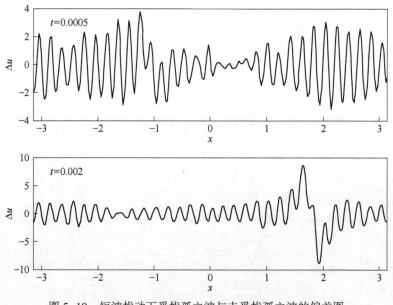

图 5-19　短波扰动下受扰孤立波与未受扰孤立波的偏差图
（$A=2$，$\lambda=0.2$）

5.4.3　随机扰动下的孤立波

在初始时刻，整个周期内的每个节点上的扰动为一随机数，其他

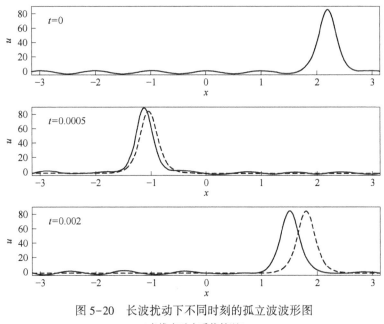

图 5-20 长波扰动下不同时刻的孤立波波形图

(虚线表示未受扰情况)

($A=2$, $\lambda=1$)

条件与上两节的相同。图 5-21 显示的是随机数区间为 [-1, 1] 的随机扰动下不同时刻的孤立波波形图。由图可以看出，在此随机扰动下孤立波的波形结构还基本保持原状，但孤立波的传播速度有了明显的改变。由于每次产生的随机数不同，所以每次模拟时的随机扰动不同，这导致每次的模拟结果不同。图 5-22 和图 5-23 显示的是随机数区间为 [-2, 2] 的随机扰动下不同时刻的孤立波波形图。由这两幅图可以看出，此时孤立波的传播速度发生了明显改变，孤立波的波形也受到了影响，即变得不是很平滑。另外，相比图 5-22 和图 5-23 可知，在相同的随机扰动下两次模拟结果明显不同，受扰孤立波的传播速度可以慢于未受扰孤立波的传播速度（如图 5-22 所示），也可以快于未受扰孤立波的传播速度（如图 5-23 所示），快慢的程度也不同。这表明随机扰动对孤立波的影响是随机的，不能给出准确定论。但总体上，只要随机扰动足够小，在一定时间段内非均匀圆柱壳内的孤立波还是能够稳定传播的。

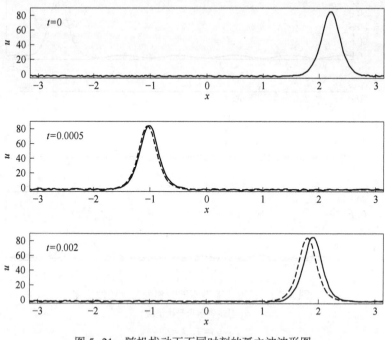

图 5-21　随机扰动下不同时刻的孤立波波形图
（虚线表示未受扰情况）
（随机数区间为 [-1，1]）

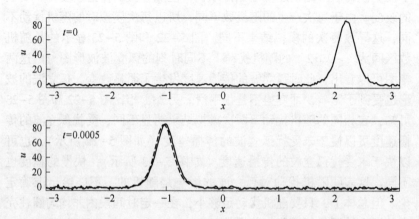

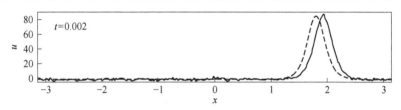

图 5-22 随机扰动下不同时刻的孤立波波形图

（虚线表示未受扰情况）

（随机数区间为 [-2, 2]）

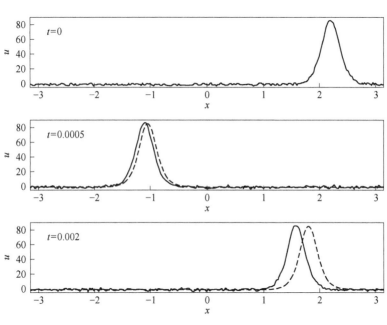

图 5-23 随机扰动下不同时刻的孤立波波形图

（虚线表示未受扰情况）

（随机数区间为 [-2, 2]）

5.5 本章小结

本章首先以描述微结构固体中波传播的一种 KdV 类方程作为控制方程并利用积分因子方法，对受到不同小扰动的孤立波的动力学稳定性进行了数值模拟研究。主要结论有：（1）在高斯波扰动、Ricker子波以及双曲正割波扰动时，孤立波的动力学稳定性都与三种扰动的幅度和宽度有关。（2）微结构固体中传播孤立波的动力学稳定性不是很强，只有受到幅度和宽度都非常小的小扰动时，微结构固体中传播的孤立波才能显现出一定程度的动力学稳定性。（3）扰动幅度和宽度基本相同的情况下，相比 Ricker 子波扰动，高斯波扰动和双曲正割波扰动对孤立波的影响更明显一些。

其次把积分因子方法应用于非均匀圆柱壳中波传播模型的研究，构造了稳定高效的数值计算方法。在三种不同的初始扰动下，对孤立波能否在非均匀圆柱壳中稳定传播问题进行了详细的数值模拟研究。主要结论有：（1）高斯波扰动和简谐波扰动的幅度和宽度都能影响孤立波的稳定传播，只有受到幅度和宽度都足够小的扰动时，在非均匀圆柱壳中传播的孤立波才可表现出较强的抗干扰性和动力学稳定性。（2）随机扰动对孤立波的影响是随机的，相比于前两种扰动其影响也是比较显现的，只有受到幅值足够小的随机扰动时，在一定时间内非均匀圆柱壳内传播的孤立波才具有一定的抗干扰性和动力学稳定性。

只有稳定传播的孤立波才能克服扰动长时间传播且能在实验中观测到和实际中可利用到。因此，孤立波能否稳定传播问题的研究对固体材料性能的无损检测与评价具有重要的实际意义。

参 考 文 献

[1] Maugin G A. A historical perspective of generalized continuum mechanics (in: Altenbach H et al (Eds.) Mechanics of generalized continua) [M]. Berlin: Springer, 2011: 3~19.

[2] 虞吉林. 考虑微结构的固体力学的进展和若干应用 [J]. 力学进展, 1985, 15 (1): 82~89.

[3] Cosserat E, Cosserat F. Theoriedes Corps Deformables [M]. Paris: Hermann, 1909: 32~56.

[4] Toupin R A. Elastic materials with couple-stress [J]. Archive for Rational Mechanics and Analysis, 1962, 11 (3): 385~414.

[5] Mindlin R D. Micro-structure in Linear Elasticity [J]. Archive for Rational Mechanics & Analysis, 1963, 16 (1): 51~78.

[6] Mindlin R D, Tiersten H F. Effects of couple-stresses in linear elasticity [J]. Archive for Rational Mechanics & Analysis, 1962, 11 (2): 415~448.

[7] Eringen A C, Suhubi E S. Nonlinear theory of simple micro-elastic solids-I [J]. International Journal of Engineering Science, 1964, 2 (1): 189~203.

[8] Eringen A C. Linear theory of micropolar elasticity [J]. Journal of Mathematics and Mechanics, 1966, 15 (6): 909~923.

[9] Green A E, Rivlin R S. Multipolar continuum mechanics [J]. Archive for Rational Mechanics & Analysis, 1964, 17 (1): 113~147.

[10] 魏悦广. 固体尺度效应宏微观关联理论和方法的研究进展 [J]. 中国科学基金, 2000 (4): 221~224.

[11] 胡更开, 郑泉水, 黄筑平. 复合材料有效弹性性质分析方法 [J]. 力学进展, 2001, 31 (3): 361~393.

[12] 程昌钧. 理性力学在中国的传播与发展 [J]. 力学与实践, 2008, 30 (1): 10~17.

[13] 戴天民. 对带有微结构的弹性固体理论的再研究 [J]. 应用数学和力学, 2002, 23 (8): 771~777.

[14] Engelbrecht J, Berezovski A, Pastrone F, et al. Waves in microstructured materials and dispersion [J]. Philosophical Magazine, 2005, 85 (33~35): 4127~4141.

[15] Janno J, Engelbrecht J. Solitary waves in nonlinear microstructured materials [J]. Journal of physics A: Mathematical and General, 2005, 38: 5159~5172.

[16] Engelbrecht J, Salupere A, Tamm K. Waves in microstructured solids and the Boussinesq paradigm [J]. Wave Motion, 2011, 48 (8): 717~726.

[17] Salupere A, Tamm K. On the influence of material properties on the wave propagation in Mindlin-type microstructured solids [J]. Wave Motion, 2013, 50: 1127~2239.

[18] Janno J, Engelbrecht J. An inverse solitary wave problem related to microstructured materials [J]. Inverse Problems, 2005, 21: 2019~2034.

[19] Berezovski A, Engelbrecht J, Peets T. Multiscale modeling of microstructured solids [J]. Mechanics Research Communications, 2010, 37 (6): 531~534.

[20] Berezovski A, Engelbrecht J, Salupere A, et al. Dispersive waves in microstructured solids [J]. International Journal of Solids and Structures, 2013, 50: 1981~1990.

[21] Pastrone F, Engelbrecht J. Nonlinear waves and solitons in complex solids [J]. Mathematics and Mechanics of Solids, 2016, 21 (1): 52~59.

[22] Casasso A, Pastrone F. Wave propagation in solids with vectorial microstructures [J]. Wave Motion, 2010, 47: 358~369.

[23] Sertakov I, Engelbrecht J, Janno J. Modelling 2D wave motion in microstructured solids [J]. Mechanics Research Communications, 2014, 56 (2): 42~49.

[24] Engelbrecht J, Berezovski A. Reflections on mathematical models of deformation waves in elastic microstructured solids [J]. Mathematics and Mechanics of Complex Systems, 2015, 3: 43~82.

[25] Janno J, Engelbrecht J. Wave in microstructured solids: Inverse Problems [J]. Wave motion, 2005, 43: 1~11.

[26] Yang J, Restuccia F, Daraio C. Highly nonlinear granular crystal sensor and actuator for delamination detection in composite structures [J]. Structure health monitoring, 2013, 2: 1424~1433.

[27] Potapov A, Rodyushkin V M. Experimental study of strain waves in materials with a microstructure [J]. Acousical Physics, 2001, 47: 347~352.

[28] Berezovski A, Engelbrecht J, Maugin G A. Generalized thermomechanics with dual internal variables [J]. Archive of applied mechanics, 2011, 81: 229~240.

[29] Engelbrecht J, Berezovski A. Internal structures and internal variables in solids [J]. Journal of mechanics of materials and structures, 2012, 7 (10): 983~996.

[30] Peets T, Kartofelev D, Tamm K, et al. Wave in microstructured solids and negative group velocity [J]. Europhysics letters, 2013, 103 (1): 16001-1~

16001-6.

[31] 那仁满都拉. 微结构固体中的孤立波及其存在条件 [J]. 物理学报, 2014, 63 (19): 194301-1~194301-8.

[32] Li Jibin. Singular traveling wave equations: Bifurcations and exact solutions [M]. Beijing: Science Press, 2013.

[33] Li Jibin. Bifurcations of traveling wave solutions in a microstructured solid model [C] //International Journal of Bifurcation and Chaos, 2013, 23 (1): 1350009-1~1350009-18.

[34] Li Jibin, Dai Huihui. On the study of Singular traveling wave equations: Dynamical system approach [M]. Beijing: Science Press, 2007.

[35] 那仁满都拉, 额尔敦仓. 立方非线性微结构固体中的对称孤立波及存在条件 [J]. 应用数学和力学, 2014, 35 (11): 1210~1217.

[36] 那仁满都拉, 张芳. 高阶非线性微结构固体中扭结与反扭结孤立波及其存在条件 [J]. 量子电子学报, 2016, 33 (4): 506~512.

[37] Yu Liqin, Tian Lixin, Wang Xuedi. The bifurcation and peakon for Degasperis-Procesi equation [J]. Chaos, Solitons & Fractals, 2006, 30 (4): 956~966.

[38] 冯大河, 李继彬. Jaulent-Miodek 方程的行波解分支 [J]. 应用数学和力学, 2007, 28 (8): 894~900.

[39] 王恒, 王汉权, 陈龙伟, 等. 耦合 Higgs 方程和 Maccari 系统的行波解分支 [J]. 应用数学和力学, 2016, 37 (4): 434~440.

[40] Xu Chuanhai, Tian Lixin. The bifurcation and peakon for K (2, 2) equation with osmosis dispersion [J]. Solitons & Fractals, 2009, 40 (2): 893~901.

[41] Chen Aiyong, Huang Wentao, Xie Yongan. Nilpotent singular points and compactons [J]. Applied Mathematics and Computation, 2014, 236 (3): 300~310.

[42] Li Jibin. Chen Guangrong. On a class of singular nonlinear traveling wave equations [J]. International Journal of Bifurcation and Chaos, 2007, 17 (11): 4049~4065.

[43] 那仁满都拉. 复杂固体并式微结构模型及孤立波的存在性 [J]. 应用数学与力学, 2018, 39 (1): 41~49.

[44] 张伟, 姚明辉, 张君华, 等. 高维非线性系统的全局分岔和混沌动力学研究 [J]. 力学进展, 2013, 43 (1): 63~90.

[45] 王德鑫, 那仁满都拉. 含微结构二维固体中非对称孤立波的存在条件 [J]. 动力学与控制学报, 2018, 16 (3): 211~216.

［46］ Timoshenko S，Woinowsky - Krieger S. Theory of plates and shells ［M］. Second edition. London：Mcgrawhill Book Company，1959.

［47］ Novozhilov V V. The Theory of Thin Shells ［M］. Leningrad：Sudpromgiz，1962.

［48］ Ventsel E，Krauthammer T. Thin Plates and Shells：Theory，Analysis，and Applications ［M］. New York：Marcel Dekker，Inc.，2001.

［49］ Zemlyanukhin A I，Mogilevich L I. Nonlinear Waves in Cylindrical Shells ［M］. Saratov：Saratov University Press，1999.

［50］ Zemlyanukhin A I，Mogilevich L I. Nonlinear Waves in Inhomogeneous Cylindrical Shells：A New Evolution Equation ［J］. Acoustical Physics，2001，47 （3）：303~307.

［51］ Chan T F，Kerkhoven T. Fourier methods with extended stability intervals for the Korteweg-De Vries equation ［J］. SIAM Journal on Numerical Analysis，1985，22 （3）：441~454.

［52］ Milewski P A，Tabak E G. A pseudo-spectral procedure for the solution of non-linear wave equations with examples from free-surface flows ［J］. SIAM Journal on Scientific Computing，1999，21 （3）：1102~1114.

［53］ 那仁满都拉，赤里木格. 非均匀圆柱壳中传播的孤立波的动力学稳定性 ［J］. 计算物理，2018，45 （4）：96~101.

［54］ 那仁满都拉. Mindlin 型微结构固体中孤立波的传播特性 ［J］. 内蒙古民族大学学报 （自然科学版），2018，33 （4）：301~304.

［55］ 张芳，那仁满都拉. 微结构固体中的非光滑孤立波 ［J］. 湖北民族学院学报 （自然科学版），2015，33 （4）：369~371.

［56］ 张静，那仁满都拉. 弹性固体的并式微结构模型及孤立波 ［J］. 内蒙古民族大学学报 （自然科学版），2016，31 （1）：6~9.

汉英名词对照表

鞍点	Saddle Point
并式微结构	Concurrent Microstructure
波动方程	Wave Equation
边界条件	Boundary Condition
波导	Wave Guide
波形	Waveform
Boussinesq 类方程	Boussinesq like Equation
材料常量	Material Constant
初始激励	Initial Excitation
从属原理	Slaving Principle
传播特性	Propagation Characteristic
存在条件	Existence condition
常微分方程	Ordinary Differential Equation
定性分析方法	Qualitative Analysis Method
动力系统	Dynamical System
对称	Symmetry
多尺度	Multi-Scale
Euler-Lagrange 方程	Euler-Lagrange Equation
反常频散	Abnormal Dispersion
非对称	Asymmetric
非光滑孤立波	Nonsmooth Solitary Wave
非均匀圆柱壳	Inhomogeneous Cylindrical Shell
非线性波模型	Nonlinear Wave Model
非线性波	Nonlinear Wave
非线性效应	Nonlinear Effect

分层式微结构	Hierarchical Microstructure
分岔理论	Bifurcation Theory
分岔曲线	Bifurcation Curve
复杂结构	Complex Construction
高维非线性动力系统	High Dimensional Nonlinear Dynamical System
光滑孤立波	Smooth Solitary Wave
孤立波	Solitary Wave
Hamilton 函数	Hamilton Function
Hamilton 系统	Hamiltonian Systems
耗散效应	Dissipation Effects
宏观结构	Macrostructure
宏观位移	Macrodisplacement
宏观应变	Macrostrain
宏观应力	Macrostress
基本模型	Basic Model
解析解	analytical solution
近似解	approximate solution
Jacobi 行列式	Jacobi Determinant
尖点	Cusp Point
尖孤立波	Peaked Solitary Wave
积分因子方法	Method of Integrating Factors
几何参数	Geometric Parameter
紧孤立波	Compact Solitary Wave
KdV 类方程	KdV like Equation
控制方程	Governing Equation
快速 Fourier 变换	Fast Fourier Transforms
幂零奇点	Nilpotent Singular Point
Mindlin 微态理论	Mindlin Microstate Theory
模型	Model
扭结孤立波	Kink Solitary Wave
偏微分方程	Partial Differential Equation

平衡点	Equilibrium Point
平面动力系统	Planar Dynamical System
频散关系	Dispersion Relation
频散效应	Dispersion Effect
Poincare 指数	Poincare Index
奇直线	Singular Straight Line
奇点	Singular Point
群速度	group velocity
扰动	Perturbance
首次积分	First Integral
双内部变量	Double Internal Variable
数值方法	Numerical Method
弹性材料	Elastic Material
特征长度	Characteristic Length
同宿轨道	Homoclinic Orbit
微尺度非线性	Microscale Nonlinearity
微结构固体	Microstructured Solid
微形变	Microdeformation
微应力	Microstress
微惯性	Microinertia
伪谱方法	Pseudospectral Method
稳定性	Stability
无损检测	Nondestructive Examination
五阶 KdV 类方程	Fifth-order KdV Like Equation
无量纲方程	Dimensionless Equation
无量纲变量	Dimensionless Variable
相轨线	Phase Trajectory
相平面	Phase Plane
相图	Phase Portrait
相速度	Phase Velocity
线性模型	Linear Model

变形张量	Distortion Tensor
形变	Deformation
信息	Information
系数矩阵	Coefficient Matrix
应变能	Strain Energy
应力-应变关系	Stress−strain Relation
异宿轨道	Heteroclinic Orbit
约化摄动方法	Reductive Perturbation Method
正常频散	Normal Dispersion
中心点	Center Point
钟型孤立波	Bell Type Solitary Wave
自由能	Free Energy
纵波	Longitudinal Wave